U0151764
香草、香料气味转移提案
香草研究家的隐味餐桌
色香味俱全的迷人料理日常
香草研究家 · 蓝伟华—著
璞真奕睿影像—摄影
中国轻工业出版社

|引言|

气味是打开美味之门的钥匙

好的刀工、新鲜当季的食材、适当的烹煮手法、美丽的选器摆盘、体贴食用者的逻辑用心、空间气氛的营造、动人心弦的美妙音乐，成就了“完美一餐”。

但是，就只是这样吗？就只能这样吗？

回想一下……
当刀口切下新鲜食材，除了流出的汁液外，还有什么迸发出来？
当锅中油温升起，爆香料入锅的那一刹那，到底是什么那么迷人？

是“气味”。

人类眼睛看到了一道食物，气味窜进了鼻腔、进入了脑中，以往的气味经验呈现出盘中多元的食材组合、可能的料理手法，“好吃”两字浮现脑海。这时放入口中咀嚼出口感与风味，形成了“好吃”的实际感官体验。就如同花的芬芳吸引蜜蜂蝴蝶采蜜，果实成熟后浓郁诱人的气息吸引人们摘采，是同样的道理。

气味是打开美味之门的钥匙，所以，让好气息转移到料理之中，相当重要。

这本书将香草与香料的运用分成五个篇章：直接法、粉末法、浸泡法、烟熏法与饮品篇，叙述如何将气味运用与转移在料理中，让你餐桌上的佳肴更精进、更美味。

香草、香料更是提供精致气味的来源，让料理更具有世界气息。

请大家熟悉各种香草与香料的气味表现，可以用自己的方式记录下来，多运用书中不同的手法交叉试试，找出属于自己的风味并传承下去。

Beautiful
Good

序

“香气”是美味的关键。

我研究料理多年，发现“香气”是好吃的关键，就算有好的食材、讲究的工序、厉害的配方、刚刚好的熟度，若在烹煮过程中无法聚集、保留、融合这一类“好吃的气息感”，在享受料理时，还是会有小小缺憾的。

因此，我觉得“气味转移法”相当重要。

什么是“气味转移法”呢?“气味转移法”是美味的关键。
其实就是将美味气息，利用最适当的方式或形态转移融合到用心烹调的料理之中。目的都是为料理加分。让这充满美味灵魂感的做菜逻辑，通过简单的烹饪技法，能让人煮出好吃的独特美味。简单易懂好执行!

这本书根据香草和香料的使用方式，分为5个单元:
①直接法
②粉末法
③浸泡法
④烟熏法
⑤饮品篇

希望喜爱料理的友人们，因为这本书全新的观点，让料理时光充满惊喜感。

蓝偉華

Contents

目录

Part 1

气味转移 · 直接法

Part 2

气味转移 · 粉末法

Part 3

气味转移 · 浸泡法

Part 4
气味转移 · 烟熏法

Part 5
气味转移 · 饮品篇

THE GREE
QUALIT
12.65

Mint
Rose Mary
Perilla
Parsley
Thyme
Sage

本书使用新鲜香草

新鲜香草具备清新的特质，
如果你的料理中需要有自然飘散的气息，
建议使用新鲜香草。

Mint

薄荷

具有清凉的香味，世界上普遍栽种。用途广泛，可使用于料理、甜点或饮料。

Rosemary

迷迭香

分直立形与匍匐形两大类。带有森林的清凉感，具有强烈穿透力，药草香飘出些微樟脑气息。

Perilla

紫苏

具有紫色、绿紫色或绿色的锯齿状叶。全株皆香味。香气特殊但有一些梅子气息，日本料理广泛运用。

Roll leaf

卷叶欧芹

味道浓郁，有丰富维生素C，广泛使用在地中海料理之中，健胃，咀嚼防口臭。

Thyme

百里香

味道细致，开花时叶子香气最为浓郁。搭配白肉料理、海鲜相当合适。泡茶饮用可有效缓解喉咙不适。

Sage

鼠尾草

香味浓郁，具有杀菌功能。相当适合与蛋白质类制作成料理。加热后更加可口。

认识常备香料

如果菜品需要稳定的感官，可以使用经干燥处理的香料或干燥香草。

因为植物经干燥脱水后，芳香因子呈现较多的是深度木质香味。

但要注意使用剂量。

通常干燥香草的使用量为新鲜香草的1/2，脱水后味道较强烈。

但唯独迷迭香是例外，新鲜采的迷迭香反而精油强烈，味道比干燥迷迭香更直接。

Cumin

小茴香（孜然）

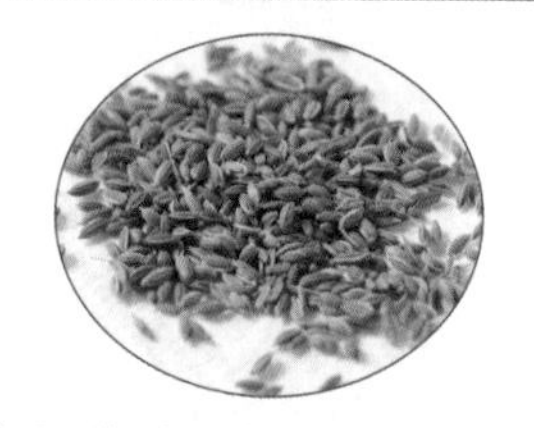

新疆栽种孜然有1000年历史。孜然是能有效将食材腥气转换成香气的奇妙香料，也是咖喱粉中很重要的素材。

Fennel seeds

茴香籽/大茴香

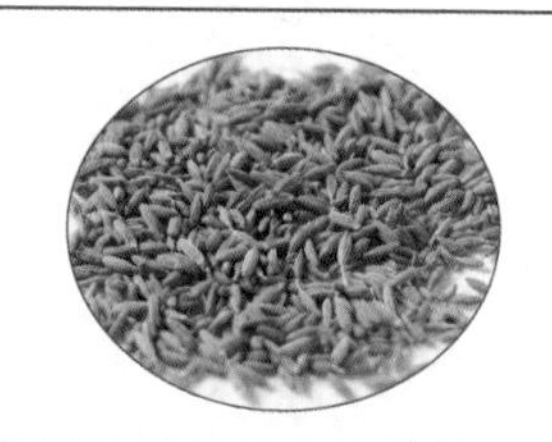

茴香的种子带有清雅的八角甜香，常出现在意大利与地中海料理与甜点、糖果之中。

Colored pepper

彩色胡椒

具备所有胡椒的特色，包括黑胡椒的馨香、白胡椒的辣香、红胡椒的甜香与绿胡椒的鲜香。

Coriander seed

芫荽籽

芫荽（香菜）的种子，具备淡淡的柑橘花香，是印度咖喱粉很重要的素材。

Clove

丁香

由没有开花的丁香花蕾晒干。古时候是治疗牙痛的重要香料，现今许多节庆料理都需要丁香的气息方能制成。

Black pepper

黑胡椒

具有木质系的暖香味，适合与所有食材搭配，健胃，且增强食欲。

Star anise

八角

独特清甜的甘草味来自于“茴香脑（Anethole）”成分，可有效帮助消化，是台湾地区五香粉重要的香料之一。

White pepper

白胡椒

白胡椒是完全成熟的浆果在水中浸泡一个星期后，去果肉后干燥制成的。具备馨香辣味。

Cardamom

小豆蔻

种子气味芳香浓烈，是印度咖喱粉很重要的素材。常常咀嚼小豆蔻其清香味道能洁净口腔及牙齿。

Cinnamon stick

肉桂棒

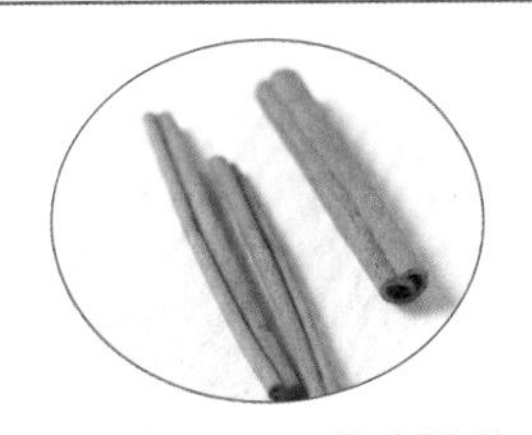

肉桂树皮阴干后卷成棒状，其气味特殊，温暖甜香，广泛运用在各地料理与甜点中，为咖啡卡布奇诺重要的香料。

Caraway seed

葛缕子

外观很像莳萝，吃起来的味道却像小茴香。具有强烈的香气，可以促进消化，欧洲人常用来泡茶饭后饮用，广泛用于制作各式泡菜储存。

Bay leaf

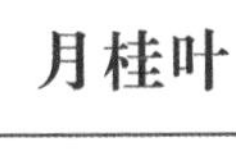

月桂叶

叶片带有森林气息的甜香感，广泛运用于世界各种料理中，新鲜的带有辛辣感，所以大部分都使用干燥叶片。

Vanilla

香草豆荚

带有奇幻的气息，大溪地产的香草豆荚香甜气更胜，是世界上制作甜点相当重要的提香素材。

Mountain litsea

山胡椒

具有强烈柠檬甜香味与花香。台湾地区的原住民料理广泛运用。

TIPS

干燥香料要密封保存在阴凉、干燥处，避免受潮变质，香气降低。完整的香料保存期限会比已经磨成粉的香料长。

Part

1

气味转移

Odor Transfer

直接法

Direct method

何谓直接法

香草植物的茎、叶上下两面，均有许多肉眼看不到的精油囊，所以当用手或轻抚或搓揉植物时，会飘溢出好闻的气息，因为精油囊破裂、香氛因子释放，在空中游离或是沾染在指尖上。

运用这样的特性，将香草、香花与香料，以原本的样貌与料理相结合，直接咀嚼或是运用不同烹调手法将自身的气味转移到食材上。

需要注意的是香气素材与料理手法的搭配选择：

通常将香花运用在料理之中，要避免加热过度使花朵香气消逝。所以直接使用在沙拉中、浸泡在饮用水中、拌入料理内都很得宜。

使用法较为广泛，加热或不加热都可。因为香草植物的气息附着效果都很好。但是，因为精油含量皆不同，所以含量足、香气浓的植物很适合拿来炖煮与油炸，比如迷迭香、鼠尾草、月桂叶、欧芹等，不会因为烹煮温度持续太高而使气味散失。相反，如百里香这类气味纤细优雅的香草，就很适合最后撒入或者是选用温度中等的料理手法。

与其他两类最不同地方的是剂量，因为它已经没有水分了，相对气味会很浓烈，如果失手放入太多会破坏料理的平衡感，也有可能食用后舌根会变苦。不要忘记许多香料与香草都是药用植物，本身具备药性与苦感。

节庆香料苹果酱

香草荚　小豆蔻　肉桂棒

节庆感特浓的好礼物，很适合搭配酸奶食用，
用愉悦的心情迎接早晨美好时光。

材料

苹果…2个

葡萄干…30克

香草荚…1根（对切、划开）

小豆蔻…5颗

肉桂棒…1根

细砂糖…80克

水…100毫升

白葡萄酒…100毫升

做法

① 苹果去皮、去籽，切小丁；香草荚用刀划开；小豆蔻剥开。

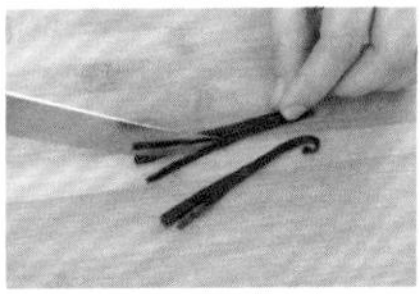
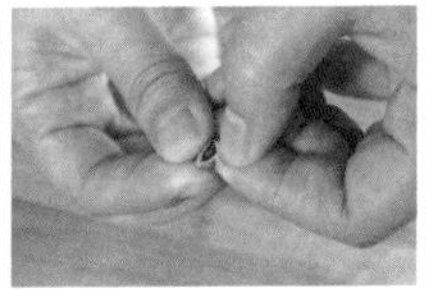

② 所有材料放入锅中，以中火煮沸，转小火煮到成浓稠状、苹果化开即可。

香料脐橙果酱

香草荚　丁香

取果肉时，耐心去除白膜，果酱才不会有苦涩味。
一次煮好几罐，用漂亮的瓶子封存，制作水果茶或当作面包抹酱都很美味。

材料

脐橙果肉…5个

脐橙皮碎…1个

香草荚…1根（对切、划开）

丁香…3粒

细砂糖…200克

脐橙果汁…300毫升

水…100毫升

朗姆酒…1/2大匙

做法

① 先取1个脐橙，刨出皮碎备用；脐橙切平头、尾，切除外皮，用刀小心取出果瓣。

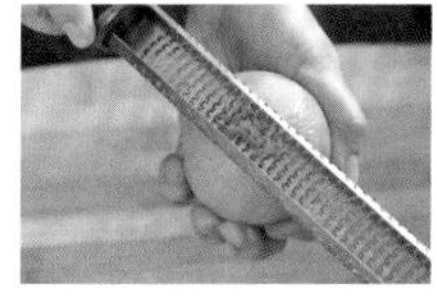
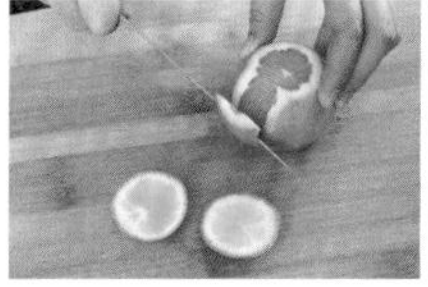
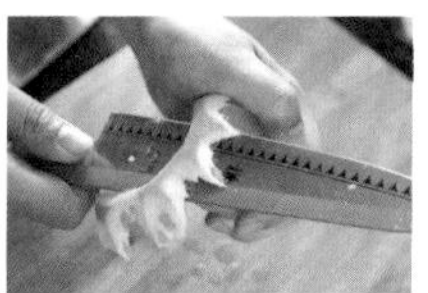

② 将朗姆酒外的材料放入锅中，以中火煮沸，转小火煮到收汁，关火，倒入朗姆酒拌匀即可。

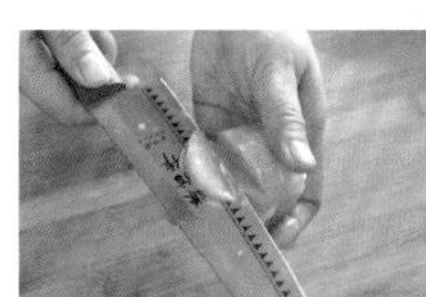
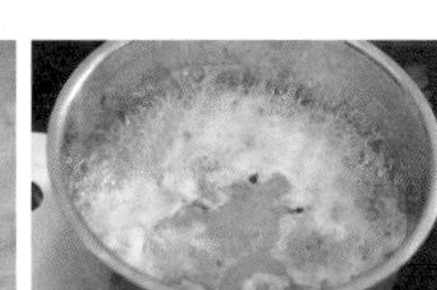

Recipe 03

白葡萄酒煮西洋梨

丁香

白葡萄酒和丁香，赋予西洋梨全新的灵魂，除了品尝果肉外，
充满香气的白葡萄酒液也能搭配茶包煮出水果茶。

材料

西洋梨…2个

柠檬…2片

丁香…4粒

蜂蜜…100克

水…100毫升

白葡萄酒…300毫升

做法

① 西洋梨去皮，将丁香插在洋梨果肉上。

② 所有材料一起放入锅中，以中火煮沸，转小火煮10分钟，关火放凉即可。

Recipe
04

橄榄酱番茄面包

罗勒叶

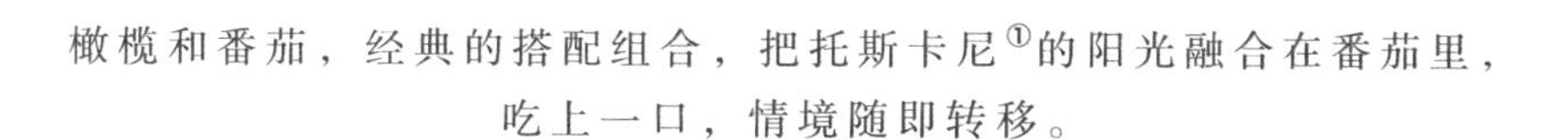

橄榄和番茄，经典的搭配组合，把托斯卡尼[①]的阳光融合在番茄里，
吃上一口，情境随即转移。

材料

ⓐ

小番茄…10个（切1/4半月状）

黑橄榄…5个（切圈片）

蒜碎…1小匙

罗勒叶…4片
（2片剪丝、2片装饰）

鲣鱼露…1大匙

橄榄油…1大匙

ⓑ

奶油…50克

酱油…1/2小匙

法国面包片…2片

做法

① 将所有材料ⓐ搅拌均匀，略渍10分钟。

② 材料ⓑ酱油和奶油拌匀，抹在法国面包片上。

③ 捞起适量做法①渍好的食材，摆在做法②法国面包片上，以罗勒叶装饰即可。

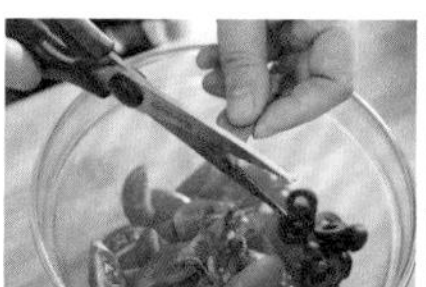

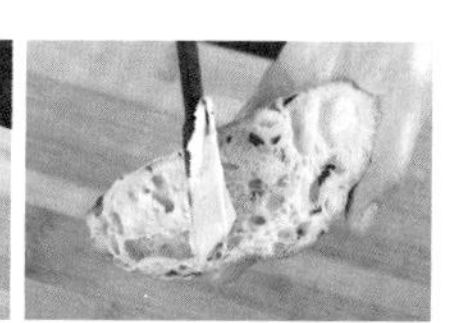

① 托斯卡尼：意大利中部著名的葡萄酒之乡，因美国女诗人Frances Mayes写作并改编成电影的《托斯卡尼的艳阳下》而广为人知。

樱花饭团

青紫苏叶

以海带和盐渍樱花的香气和咸度带出饭团的风味，
在春日赏花时，让口中化出花香和梅香。

材料

大米…1杯（洗净、泡水1小时）

糯米…1杯（洗净、泡水1小时）

海带…5厘米×1段

水ⓐ…2杯

盐渍樱花…10朵

水ⓑ…100毫升

清酒…1小匙

青紫苏叶…4片（剪丝）

做法

① 海带＋水ⓐ、樱花＋水ⓑ，分别泡水还原后取出（保留浸泡水），樱花去梗并沥干、海带丢弃；将浸泡水混合，取出2.5杯海带樱花浸泡水，加入清酒，留用。

② 锅中放入沥干的米，倒入做法①海带樱花清酒浸泡水，煮至沸腾，搅拌均匀，盖上锅盖，转小火烹煮12分钟，关火静置15分钟，翻松。

③ 青紫苏叶丝卷起、剪丝，拌入米饭中，将米饭整形成团，贴上做法①樱花瓣和青紫苏叶（分量外，依个人喜好）即可。

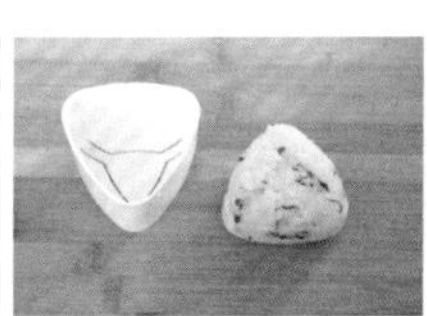
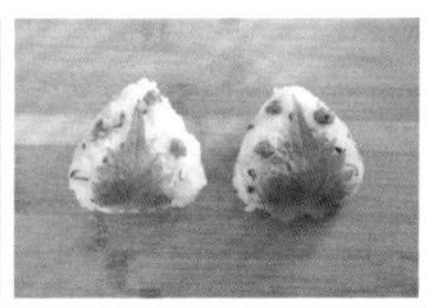

茅屋起司

鲜采百里香

香浓的起司，能够自己制作出来，真是不可思议。
如此好的点子，一定要和好朋友同享。

材料

鲜奶…1000毫升

白醋…4大匙

鲜采百里香…10厘米×3枝

做法

① 鲜奶和百里香放入锅中，加热至沸腾前的微微冒泡状，关火，倒入全部白醋，迅速搅拌均匀。

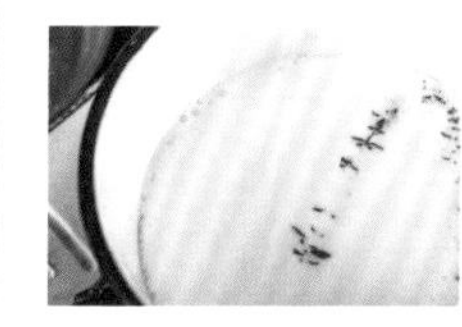
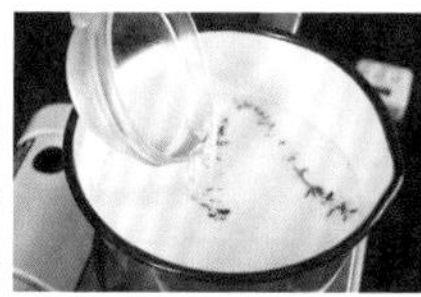

② 静置15分钟，让起司和乳清开始分离，再取出百里香。

③ 将纱布放在网筛上；倒入做法②过滤起司，放入保鲜容器保存即可。

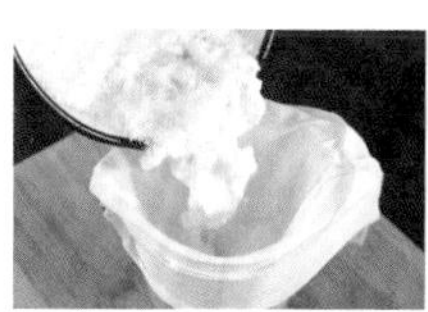

※可搭配生菜、果酱或涂抹于面包、饼干上享用。

柠檬胡椒

绿柠檬

画龙点睛的好调料，让料理更香更好吃，非常适合搭配肉类料理食用，让油腻感通通不见。

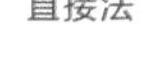

材料

绿辣椒…15根

绿柠檬…2个（刨皮，切碎）

柠檬汁…2大匙

海盐…1小匙

做法

① 辣椒去梗、横切、籽刮除，剪小段放入食物调理机中。

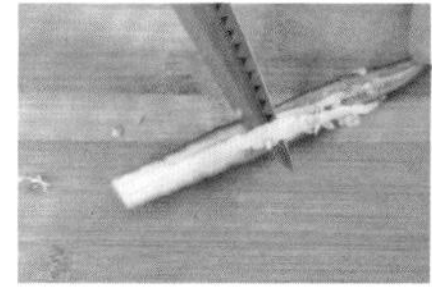
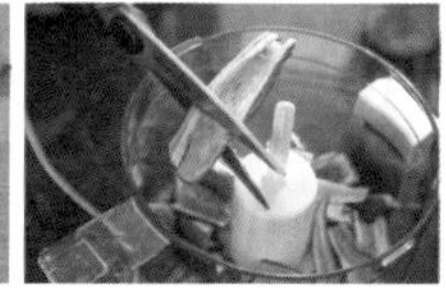

② 刨入绿柠檬皮碎、挤入2大匙柠檬汁，加入盐，打碎、研磨，装入罐中保存即可。

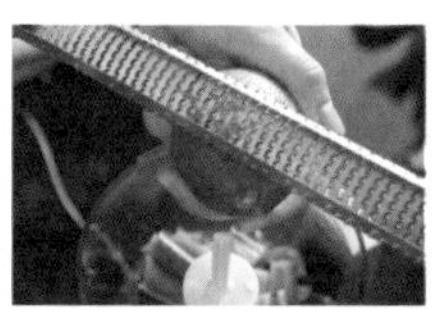

※可搭配油腻的肉类料理一起食用，是提香、增味的好伙伴。

时蔬佐香草油醋酱

香草橄榄油　鼠尾草茴香醋　粗黑胡椒粉　鲜采迷迭香

季节食材总是特别好吃，利用蒸煮的方式保留最佳口感和风味。
淋上馨香的油醋酱，不仅好吃，而且口感新鲜。

材料

ⓐ香草油醋酱

香草橄榄油（P.82）…3大匙

鼠尾草茴香醋（P.80）…1大匙

柠檬汁…1/2大匙

芥末籽酱…1小匙

海盐…适量

粗黑胡椒粉…适量

ⓑ

季节时蔬…适量

培根…2条

鲜采迷迭香…10厘米×3枝

做法

① 【香草油醋酱】所有材料ⓐ放入密封玻璃罐中，摇晃均匀至乳化即可。

② 将蔬菜类依序清洗、切割，放入锅内排好，放上培根和迷迭香，盖上锅盖，以大火煮至烟冒出来，改小火蒸煮5分钟。

③ 起锅，淋上适量香草油醋酱即可。

花椰菜鲜虾香芹沙拉

干燥莳萝籽　粗黑胡椒粉

胃口不佳时，来做这道菜吧！鲜甜的花椰菜和鲜虾，
因为香芹的馨脆香，口口都是好滋味。

直接法

粉末法

浸泡法

烟熏法

饮品篇

材料

ⓐ香芹美乃滋

美乃滋…150克

干燥莳萝籽…1/2小匙

西芹…2根（去粗纤维）

ⓑ

白花椰菜…1株（取顶部花）

盐…1小匙

白葡萄酒…1大匙

鲜虾…10只（去壳、去肠泥）

洋葱…1/4个（切薄片）

豆浆…1大匙

海盐…适量

粗黑胡椒粉…适量

做法

① 【香芹美乃滋】西芹用食物调理机打碎，加入美乃滋和干燥莳萝籽，搅拌均匀，备用。

② 备一锅水，放入白花椰菜、盐及白葡萄酒，沸腾后再煮2分钟，加入鲜虾烫熟，关火，沥干水。

③ 将材料②加入洋葱薄片、豆浆及2大匙香芹美乃滋，拌匀，以适量的盐和粗黑胡椒粉调味即可。

薄荷豌豆透抽

鲜采薄荷　白胡椒粉

传说中薄荷又叫作海精灵。难怪海潮味和海精灵如此合拍美味。
透抽也能替换成花枝或章鱼喔！

材料

透抽…1只（洗净、切适口圈状）

鲜采薄荷…10厘米×5枝

洋葱…1/2个（切碎）

蒜碎…1小匙

冷冻豌豆…100克

白葡萄酒…1大匙

橄榄油…2大匙

海盐…适量

白胡椒粉…适量

做法

① 取锅，倒入适量橄榄油以中火加热，依序炒香薄荷、洋葱碎、蒜碎及透抽圈。

② 放入豌豆，呛入白葡萄酒，翻炒均匀，以适量的海盐和白胡椒粉调味即可。

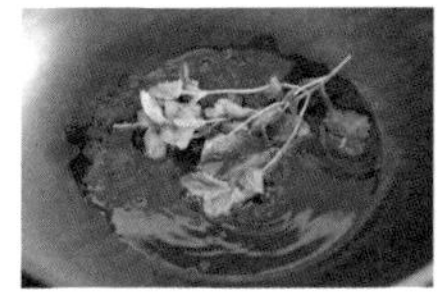

Recipe 11

香草鱼球

青紫苏　白胡椒粉

在咬下的那一刻，“好吃”两个字蹦跳了出来。
鱼肉的挑选决定美味程度，避开土味重的鱼种才美味！

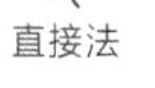

直接法

粉末法

浸泡法

烟熏法

饮品篇

材料

ⓐ

鲈鱼…1条（去皮、取鱼肉）

马铃薯淀粉…1.5大匙

全蛋液…1/2个

海盐…1/3小匙

葱…1根（切末）

青紫苏…2片（切丝）

嫩姜碎…1小匙

白胡椒粉…适量

色拉油…适量

ⓑ

马铃薯淀粉…适量

做法

① 鲈鱼肉、马铃薯淀粉、全蛋液及海盐，放入食物调理机，搅拌成鱼浆，取出，加入葱花、青紫苏丝、嫩姜碎及白胡椒粉。

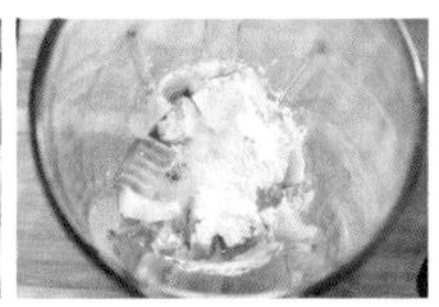

② 充分拌匀，均分塑形成橄榄球状，裹上薄薄一层马铃薯淀粉。

③ 热锅倒入适量色拉油，放入做法②鱼球，以半煎炸的方式炸熟即可。

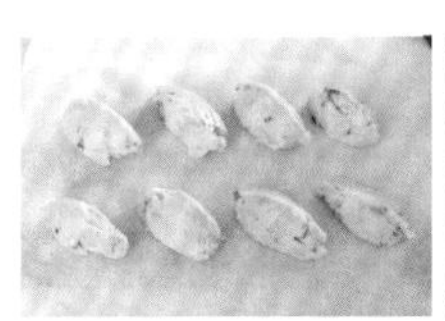
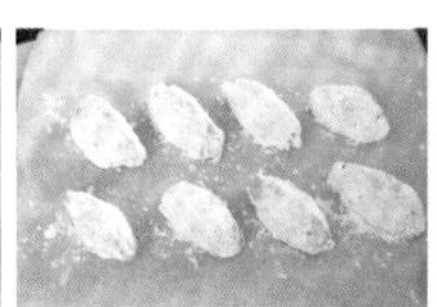

※可搭配P.49自制手工番茄酱食用。

LE CREUSET

卡拉布里亚①炖猪梅花

干燥茴香籽　粗黑胡椒粉

一款浓烈的料理，使用适合炖卤的猪梅花肉来制作，
肉质不干柴、美味更加分。

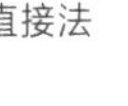

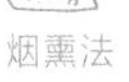

材料

猪梅花肉…600克（切块）

干燥茴香籽…1/2大匙

洋葱…1个（切片）

蒜碎…1大匙

红辣椒…2根（剖开）

青橄榄…10颗（拍裂）

红酒…400毫升

整粒番茄罐头…400克（1罐）

橄榄油…适量

海盐…适量

粗黑胡椒粉…适量

做法

① 取锅，倒入适量橄榄油以中火加热，放入猪梅花肉块和茴香籽，煎至金黄焦香，放入洋葱片、蒜碎、红辣椒及拍裂的青橄榄，炒香。

② 倒入红酒和整粒番茄罐头，以大火煮至沸腾，盖上盖子，转小火煮约40分钟，至肉块熟软，以适量的盐和粗黑胡椒粉调味即可。

① 卡拉布里亚：是意大利的20个大区之一，位于亚平宁半岛南部。

Great Things
ll Be

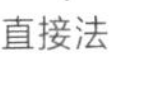

红酒炖牛肉

月桂叶 鲜采百里香 粗黑胡椒粉

牛肋条炖煮后软嫩可口、入口即化！以好喝的红酒，
煮制好吃的食材。记得，佐餐时也要干一杯喔～

材料

牛肋条…600克（切块）

洋葱…1个（切片）

胡萝卜…1根（切滚刀块）

面粉…2大匙

青蒜…1枝（切段）

月桂叶…1片

鲜采百里香…15厘米×2枝

鸡高汤…400克（1罐）

红酒…350毫升

红酒醋…1大匙

芥末籽酱…2大匙

橄榄油…适量

海盐…适量

粗黑胡椒粉…适量

做法

① 取锅，倒入适量橄榄油，放入牛肋条块，煎至表面上色，加入洋葱片和胡萝卜块炒香，再加入面粉拌匀。

② 放入青蒜段、月桂叶及百里香，倒入鸡高汤、红酒、红酒醋及芥末籽酱，以大火煮沸，转小火，捞除浮沫。

③ 盖上盖子煮约1小时，煮至牛肋条块熟软，以适量海盐和粗黑胡椒粉调味即可。

Recipe 14

花椰菜浓汤

月桂叶 | 干燥奥勒冈 | 粗黑胡椒粉

把花椰菜化为无形，一锅翠绿的香浓好汤，
连不吃蔬菜的人都能喝上好几碗。

材料

绿花椰菜…1/2颗（去粗纤维、切小朵）

马铃薯…2个（去皮、切块）

洋葱…1/2个（切片）

月桂叶…1片

干燥奥勒冈…1/2小匙

高汤…400毫升

原味酸奶…1大匙

橄榄油…1大匙

海盐…适量

粗黑胡椒粉…适量

做法

① 取锅，倒入橄榄油以中火加热，放入洋葱片炒香、炒软，再依序放入马铃薯块和花椰菜炒香。

② 加入捏碎的月桂叶和干燥奥勒冈，倒入高汤，沸腾后转小火，煨煮至蔬菜软化。

③ 倒入果汁机中，加入原味酸奶打到均匀细滑，倒回汤锅中加热，以适量海盐和粗黑胡椒粉调味即可。

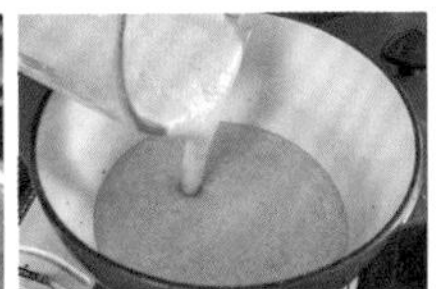

KINFOLK

Recipe 15

谷物蔬菜汤

鲜采薄荷茎 鲜采薄荷叶 粗黑胡椒粉

集合谷物和蔬菜的丰盛汤品，最适合身体微不适时享用。
清爽却有滋有味，暖心、暖身又有饱腹感。

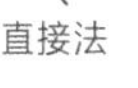

材料

薏仁…100克

洋葱…1/2个（切丁）

大蒜…2瓣（切碎）

胡萝卜（小型）…1根（切丁）

鲜采薄荷茎…10厘米×3枝

鸡高汤…400毫升

牛奶…100毫升

鲜采薄荷叶…10厘米×2枝（取叶片切碎，茎保留）

橄榄油…适量

海盐…适量

粗黑胡椒粉…适量

做法

① 取锅，倒入适量橄榄油以中火加热，放入蒜碎爆香，加入洋葱丁、胡萝卜丁炒香、炒软。

② 倒入鸡汤、放入薄荷茎，加入薏仁。

③ 煮滚，转小火再煮15～20分钟，至薏仁煮软，倒入牛奶，以适量海盐和粗黑胡椒粉调味后关火，食用前撒上薄荷叶碎即可。

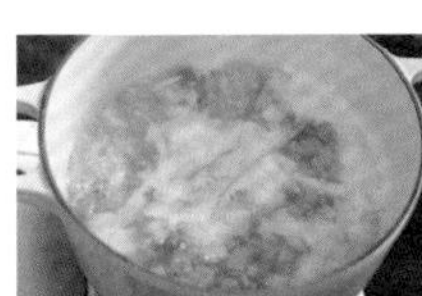
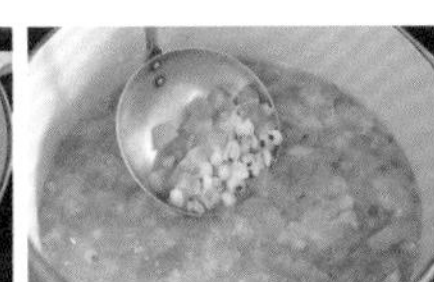
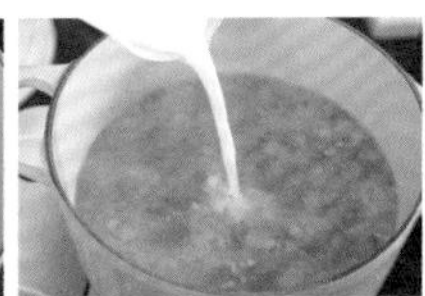

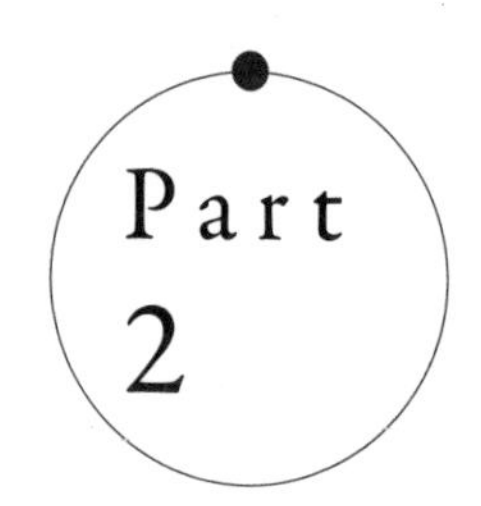

气味转移

Odor Transfer

粉末法

Powder method

何谓粉末法

有许多时候，新鲜香草、香花植物不方便取得，或是料理本身存在水分影响口感，或是作品需要气味十足迷幻惊艳的表现。这时就可以使用粉末法。

将干燥的香草或香料，打碎成粉末状使用。这时气味会完全释放，味道也会较浓重。剂量不需要使用太多，就可以表现出香气的特色。粉末法有以下特点。

入味百分百

因为打成粉末后分子极小，相对的附着力比原状植物释放得更完整，互相结合度、融入性更佳。单方、复方很容易搭配组合。就像咖喱粉感的综合香料，拌入料理即可发挥。

脂溶性特质

香草与香料的香气来源是什么？是精油囊。而油脂能化油、能融入油，所以将粉末状的香料，与具备植物性油脂、动物性油脂的食材拌和、裹覆，都能发挥很大的效能。
举个简单的例子：沙拉酱汁中的油、醋、盐与粉状香料，放入罐中均匀摇晃，乳化后的酱汁马上展现十足的香气。

多元混合

香草、香料、香花皆能打成粉末状，但是香草与香料的气味会比香花来的有分量，如果使用香花类，可考虑将其特性加入现切的干燥水果粉，让作品更有个性与变化。
例如：洋甘菊很适合与苹果在一起、樱花很适合与梅子在一起，而薰衣草适合与黄柠檬在一起。
将不同属性却有同质性的物种放一起味道就不会有误。

Le Parfait

Recipe 16

手工番茄酱

白胡椒粉　肉桂粉　丁香粉　众香子粉

丢弃市售品吧！自制番茄酱安全卫生、风味又好。
拌入煮好的意大利面中，味道超迷人。

材料

整粒番茄罐头…1罐（约400克）

洋葱泥…1/2个

蒜泥…1小匙

细砂糖…2大匙

盐…1小匙

白胡椒粉…1/4小匙

肉桂粉…1/4小匙

丁香粉…1/8小匙

众香子粉…1/8小匙

白葡萄酒醋…1大匙

做法

① 水煮番茄用手压碎，加入洋葱泥和大蒜泥，煮沸，转小火再煮10～15分钟，关火（须注意火候并搅拌，避免粘锅烧焦）。

② 降温后，用食物调理机打成糊状，倒回锅中，加入白葡萄酒醋外的材料，以小火煮5分钟。

③ 倒入白葡萄酒醋，煮至微滚（消呛味），关火，装入密封罐即可。

新鲜玉米酱

月桂叶粉　白胡椒粉

细细炒香蔬菜、慢火煮10分钟，用调理机打成糊状，
单吃或是抹面包，滋味都很好。

直接法

粉末法

浸泡法

烟熏法

饮品篇

材料

新鲜玉米粒…150克
洋葱…1/4个（切碎）
马铃薯…1个（切1厘米小丁）
蒜碎…1小匙
高汤…50毫升
白葡萄酒…50毫升
原味酸奶…90克
鲜奶油…2大匙
月桂叶粉…1/4小匙
橄榄油…适量
盐…适量
白胡椒粉…适量

做法

① 取锅，倒入适量橄榄油以中火加热，放入洋葱丁、蒜碎、马铃薯丁及玉米粒，炒香。

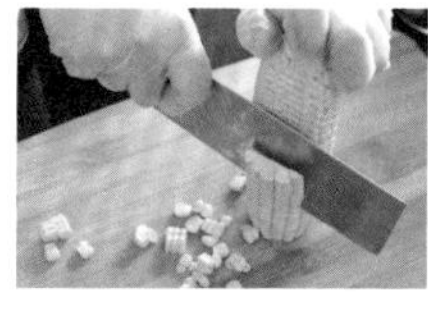

② 倒入高汤和白葡萄酒，煮约10分钟，至马铃薯丁变软后关火，放入食物调理机中，加入原味酸奶、鲜奶油及月桂叶粉，打成细糊状，以适量盐和白胡椒粉调味即可。

D9

甜椒抹酱

月桂叶粉

红甜椒烤过后，草腥味消失，带出迷人的香甜气味！
丰富的维生素和膳食纤维，好吃又健康～

材料

红甜椒…2个

奶油乳酪…50克

月桂叶粉…1/4小匙

盐…1/2小匙

做法

① 红甜椒去蒂头、去籽，切口朝下，放在烤盘上，放入已预热至200℃的烤箱，烤20分钟，取出降温，剥去外皮，以厨房纸巾吸干表面水分。

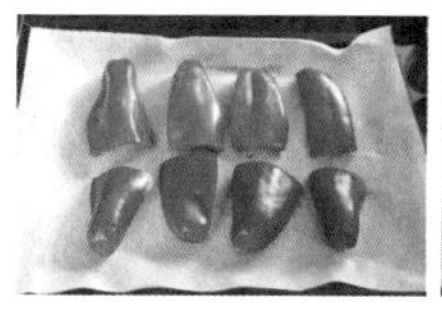

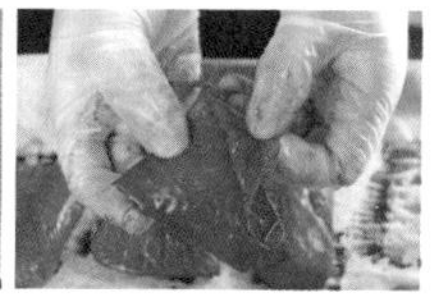

② 放入食物调理机中，加入奶油乳酪、月桂叶粉及盐，打到滑顺，装罐保存即可。

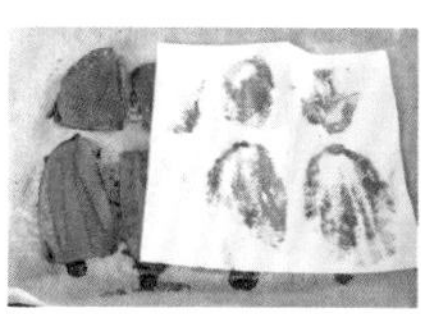

※可涂抹面包、蘸食蔬菜沙拉，亦可拌入意大利面享用。

奇异果果酱

香草荚　众香子粉

加入香料的奇异果，异国风味十足。搭配酸奶一起食用，趣味性十足，也能搭配茶包煮成水果茶饮用。

材料

奇异果…4个（去皮、切小丁）

香草荚…1根（对切、划开）

细砂糖…250克

白葡萄酒…200毫升

水…200毫升

众香子粉…1/4小匙

做法

① 将众香子粉以外的材料放入锅中，以中火煮沸，转小火煮到收汁。

② 关火，拌入众香子粉即可。

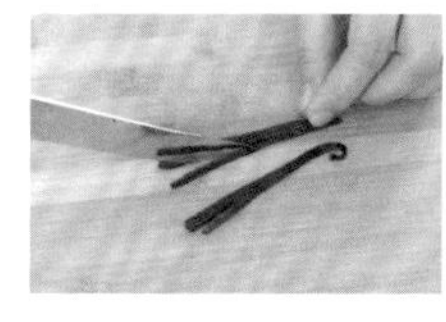

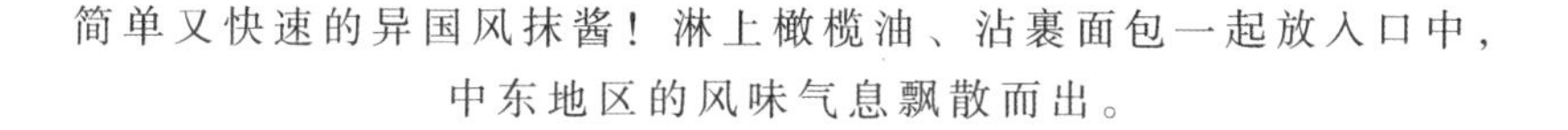

鹰嘴豆抹酱

干燥薄荷

简单又快速的异国风抹酱！淋上橄榄油、沾裹面包一起放入口中，
中东地区的风味气息飘散而出。

材料

水煮鹰嘴豆罐头…1罐（约400克）（沥干水）

蒜碎…1大匙

干燥薄荷粉…1/4小匙

盐…1/2小匙

橄榄油…3大匙

做法

水煮鹰嘴豆沥干水，加入其余材料一起放入食物调理机中，打到滑顺，装罐保存即可。

※可涂抹面包，或是搭配排餐等主食享用。

Recipe 21

自制鸡肉火腿

干燥百里香粉　月桂粉

只要掌控好形状和温度，使用耐高温的保鲜膜和密封袋，
就能在家自制无添加的鸡肉火腿。

材料

去皮鸡胸肉…600克

干燥百里香粉…1/3小匙

月桂粉…1/3小匙

细砂糖…2小匙

盐…1/2大匙

做法

① 去皮鸡胸肉片开成2厘米厚，较厚的部分用刀划开，抹上混匀的百里粉＋月桂粉＋细砂糖＋盐，用保鲜膜封好，放入冰箱冷藏3小时，使其入味。

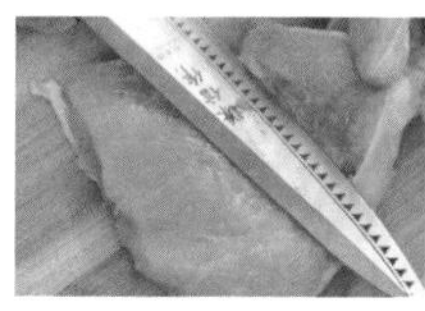

② 取出退冰，用厨房纸巾擦干表面水分，摊平交叠在保鲜膜上，卷成直径约8厘米的圆筒状，两端卷紧隔绝空气，再用棉绳加强绑紧，放入耐高温夹链袋，挤出空气、确定密封完全。

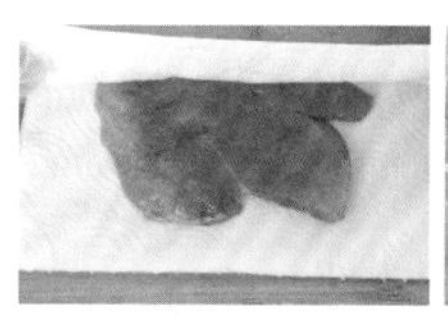

③ 准备至少4.5升的深锅，倒入足量的水，底部放入瓷盘（避免夹链袋直接接触高温金属锅底），以大火煮沸，再放入密封的鸡肉卷，盖上锅盖，关火，静置闷约3小时。

④ 取出拆开，切片食用即可（如果肉中心点有血色，可以微波炉加热至熟）。

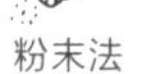

Recipe 22

自制培根

干燥迷迭香粉　干燥奥勒冈粉　月桂粉

自己做的培根，吃起来放心。早晨要吃几片就煎几片，
利用培根油煎蛋更是一绝。

材料

ⓐ

去皮猪五花…400克×1条

细砂糖…2小匙

盐…15克

ⓑ

干燥迷迭香粉…1/2大匙

干燥奥勒冈粉…1/2大匙

月桂粉…1/2小匙

做法

①【第一天】去皮猪五花用叉子戳洞，均匀抹上细砂糖、盐，用保鲜膜包好，放入冰箱冷藏一晚。

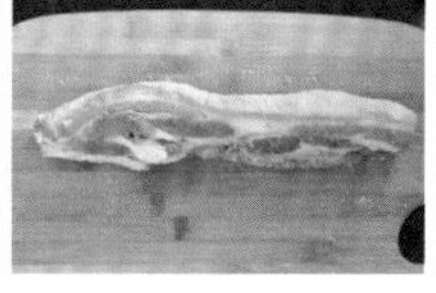
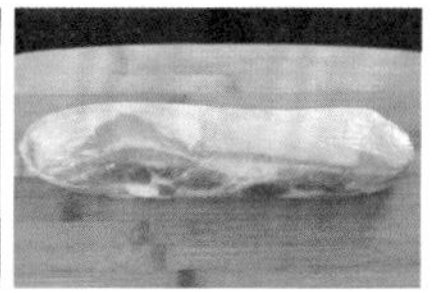

②【第二天】隔天取出，将表面水分擦干，抹上混匀的材料ⓑ香料粉，裹上厨房纸巾，再包覆保鲜膜，放入冰箱冷藏3天，每天都要取出更换干净的厨房纸巾和保鲜膜。

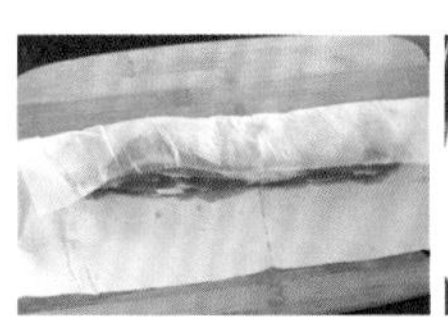

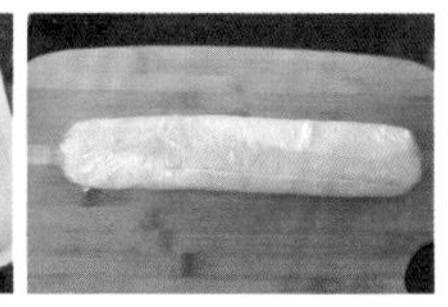

③【第五天】取出，去除保鲜膜，裹上厨房纸巾，直接放入冰箱冷藏4天，每天更换干净的厨房纸巾，【第九天】即完成。

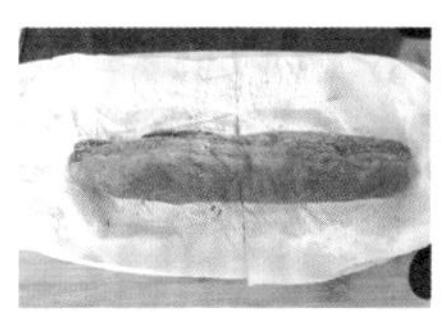

※食用前取出切片，用平底锅煎熟即可。

Recipe 23

烤鲜鱼佐香料盐

孜然粉　印度什香粉　芫荽籽粉　干燥欧芹　粗黑胡椒粉

烤箱版鲜鱼，口感依旧酥脆，但热量减少了许多。
加入香料的面包粉风味更芳芬~

材料

ⓐ主料

多利鱼排（鲂鱼）…2片

低筋面粉…4大匙

鸡蛋…2个（打散）

ⓑ香料盐

孜然粉…1小匙

印度什香粉…1小匙

芫荽籽粉…1/2小匙

海盐…2大匙

ⓒ香料面包粉

面包粉…100克

核桃碎…2大匙

干燥欧芹…1大匙

香料盐…1小匙

粗黑胡椒粉…1小匙

柠檬皮碎…1个

做法

① 材料ⓑ拌匀成香料盐；材料ⓒ拌匀成香料面包粉，备用。

② 多利鱼切成条状，依序裹一层薄低筋面粉→全蛋液→香料面包粉，排在铺上烘焙纸的烤盘上。

③ 放入已预热至210℃的烤箱，烤约10分钟，取出盛盘，搭配香料盐食用即可。

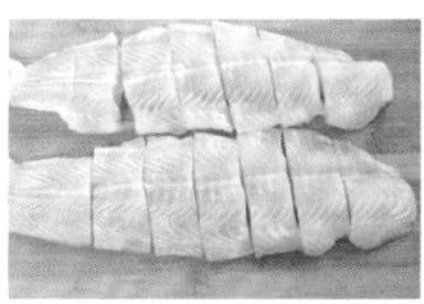
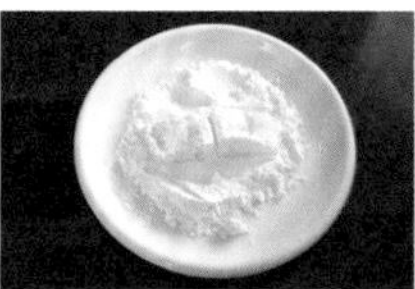

Taste
Twenty five percent of Americans (mostly women) experience bitter
flavor more acutely than the rest of us. They are supertasters.
Psychologist Linda Bartoshuk coined the term in 1991 based on
people's reactions to the bitter compound PROP: some tasted nothing;
others, with more fungiform papillae (those raised bumps on your
tongue), recoiled in revulsion from the intensity. While supertasters
perceive an extreme version of everything (sweet is super sweet, and
so on) it's bitter that affects them most. For the rest of us, our affec-
tion for bitter has grown though the ages. Evolutionarily speaking,
our sense of taste was formed to guide us towards what's good and
protect us from what's not—so bitter, which can historically be an
indicator of poison, is more of an acquired taste. Our menu is a trip
through the bitter spectrum: a horseradish aioli with shards of fennel
for dipping; a spaghetti threaded with wilted radicchio; a mound
of melting endives with roast chicken; and a dense chocolate tart.
BY DAVID MALOSH FOOD STYLING BY MAGGIE RUGGIERO
PROP STYLING BY AMY WILSON

中东香料肉肠

咖喱粉 卡宴辣椒粉 芫荽籽粉 粗黑胡椒粉

只要好好地拌匀、好好地将空气拌打出来，
让肉产生黏性，就能轻轻松松制作美味的肉肠。

材料

ⓐ

猪绞肉…300克

洋葱碎…1/4个

香菜…2根（切碎）

蒜碎…1小匙

姜碎…1小匙

盐…3/4小匙

咖喱粉…1小匙

卡宴辣椒粉…1/4小匙

芫荽籽粉…1小匙

粗黑胡椒粉…1/2小匙

ⓑ

鸡蛋…1个（打散）

面包粉…2大匙

ⓒ花生薄荷蘸酱

美乃滋…100克

花生酱…50克

干燥薄荷叶碎…1小匙

做法

① 所有材料ⓐ搅拌均匀，加入全蛋液，拌入面包粉，搅打均匀。

② 均分成8等份，整形成肉肠形、排列在烤盘上，放入已预热至220℃的烤箱，烤约15分钟。

③ 材料ⓒ调匀成花生薄荷蘸酱，搭配中东香料肉肠食用即可。

西班牙肉末鹰嘴豆

粗黑胡椒粉　孜然粉　芫荽籽粉　红椒粉　辣椒粉　月桂叶

微带香辣的开胃小品，相当适合搭配小酒喝，
和三五好友聊天唱歌。

材料

ⓐ

猪绞肉…300克

水煮鹰嘴豆罐头…1罐（约400克）（沥干水）

洋葱…1/2个（切碎）

蒜末…1/2大匙

橄榄油…2大匙

海盐…适量

粗黑胡椒粉…适量

香菜碎…1大匙

法棍面包… 1条（切片）

ⓑ

孜然粉…1小匙

芫荽籽粉…1小匙

红椒粉…1小匙

辣椒粉…1小匙

月桂叶…2片

做法

① 冷锅倒入橄榄油，加入材料ⓑ香料，开火，以中小火加热炒出香气，加入猪绞肉拌炒至肉色反白。

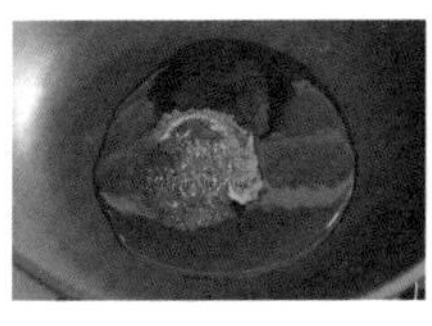

② 加入鹰嘴豆、洋葱碎及蒜末炒香，以适量海盐和粗黑胡椒粉调味，拌入香菜碎，盛盘搭配欧式面包食用即可。

鲜虾塔塔

香菜叶末　粗黑胡椒粉

简单几个步骤，就能变身成精美餐前菜。
多制作一些放在冰箱里当常备菜也不错。

材料

ⓐ主料

鲜虾…10只（烫熟备用）

ⓑ塔塔酱

酸黄瓜末…1大匙

水煮蛋末…1个

西洋芹末…1小匙

香菜叶末…1小匙

橄榄油…2小匙

柠檬汁…1小匙

盐…适量

粗黑胡椒粉…适量

做法

① 鲜虾去肠泥、剥壳（保留虾尾壳），放入滚水锅，烫熟后捞起，沥干备用。

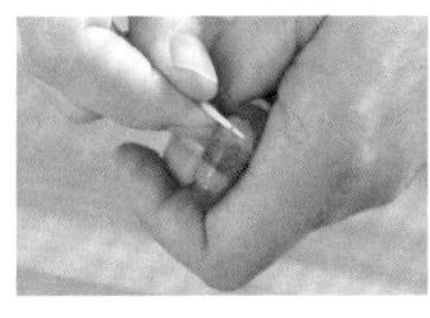
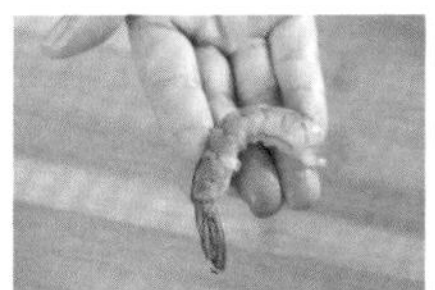

② 所有材料ⓑ搅拌均匀，加入做法①鲜虾拌匀，放入鸡尾酒杯即可。

LE CREUSET

香料奶油烤鸡腿

月桂叶粉　粗黑胡椒粉

普遍受到各个年龄人群喜爱的一道料理，
香气迷人、冷热各有风情，都好吃。

直接法

粉末法

浸泡法

烟熏法

饮品篇

材料

ⓐ主料

鸡棒腿…4个

ⓑ香料奶油

有盐奶油…125克（室温软化）

月桂叶粉…1/2小匙

蒜碎…1/2大匙

盐…1/2小匙

粗黑胡椒粉…1/4小匙

做法

① 材料ⓑ搅拌均匀成香料奶油，备用。

② 鸡棒腿用厨房纸巾擦干表面水分，将鸡皮往下拉。

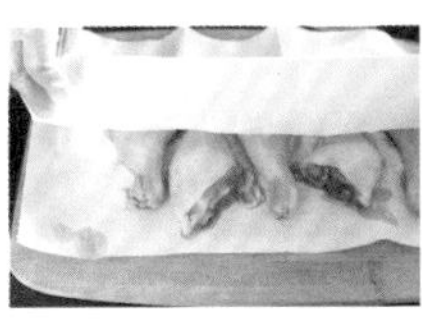
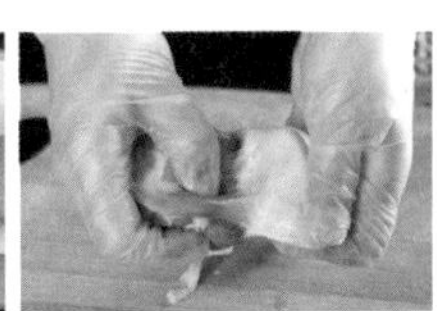
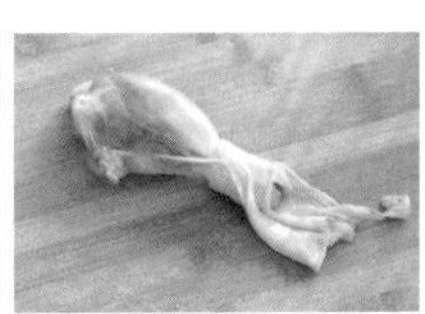

③ 用叉子在鸡肉上戳洞，再用刀子从中间插入后划一刀。

④ 均匀抹上香料奶油，将鸡皮拉起，以牙签固定。

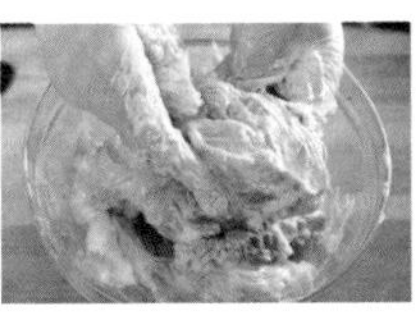

⑤ 放入已预热至210℃的烤箱，烤约20分钟，至表皮金黄、鸡肉香熟即可。

橄榄番茄罗勒蛋糕

干燥罗勒粉　粗黑胡椒粉

咸口味的小蛋糕，很适合佐餐一起享用。
当伴手礼去见朋友，保证讨人欢心！

材料

ⓐ

低筋面粉…100克

高筋面粉…50克

无铝泡打粉…2小匙

ⓑ

室温鸡蛋…3个（打散）

橄榄油…4大匙

鲜奶…2大匙

干燥罗勒粉…1/2小匙

海盐…1小匙

粗黑胡椒粉…1小匙

去籽黑橄榄…10颗（切轮状）

意大利油渍番茄干…1个（切碎）

做法

① 取一不锈钢盆，打散鸡蛋，依序加入橄榄油、鲜奶、罗勒粉、海盐、粗黑胡椒粉及黑橄榄片、意大利油渍番茄干，搅拌均匀。

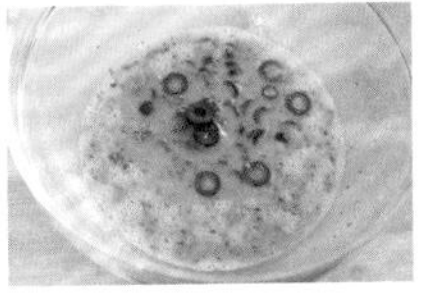

② 加入混合过筛的材料ⓐ干粉，以刮刀拌匀，倒入烤模约八分满。

③ 放入已预热至180℃的烤箱，烤约20分钟即可。

迷迭香菠萝蛋糕

干燥迷迭香粉

松软具湿润度的好吃蛋糕，没想到菠萝和迷迭香那么搭，
就像在菠萝田边闻到青草香。

材料

ⓐ

低筋面粉…200克

无铝泡打粉…2小匙

干燥迷迭香粉…1/2小匙

盐…少许

ⓑ

无盐奶油…90克（室温软化）

细砂糖…100克

原味酸奶…4大匙

室温鸡蛋…2个（打散）

罐头菠萝…4片（切小瓣）

做法

① 无盐奶油＋细砂糖，打成白发状，慢慢加入酸奶拌匀，分3次加入全蛋液，每次都要拌匀再加入全蛋液。

② 材料ⓐ混合过筛，分成3次加入做法①中，以橡皮刮刀拌匀成面糊。

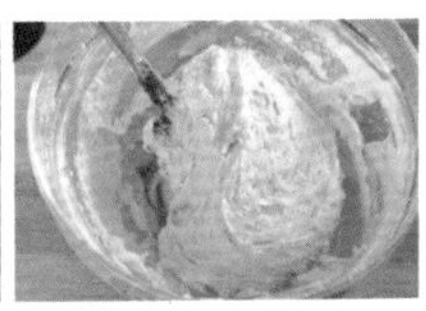

③ 将面糊倒入烤模中，约1/2量时放入菠萝片，再填入面糊至八分满，表面可装饰鲜采迷迭香和菠萝片（分量外）。

④ 放入已预热至190℃的烤箱，烤约25分钟即可。

胡萝卜蛋糕

众香子粉　孜然粉

坚果和香料，让胡萝卜的菜青味消失了，
幻化出香气十足的风味蛋糕。

材料

ⓐ

低筋面粉…100克

无铝泡打粉…1/3小匙

众香子粉…1/2小匙

孜然粉…1/4小匙

盐…少许

ⓑ

胡萝卜…150克

（以食物调理机打碎）

赤砂糖…70克

沙拉油…80毫升

室温鸡蛋…2个

坚果碎…50克

ⓒ

奶油霜

奶油乳酪…100克

糖粉…20克

做法

① 取一不锈钢盆，打散鸡蛋，加入赤砂糖拌至砂糖溶化，慢慢加入沙拉油打到顺滑，加入胡萝卜碎，拌匀。

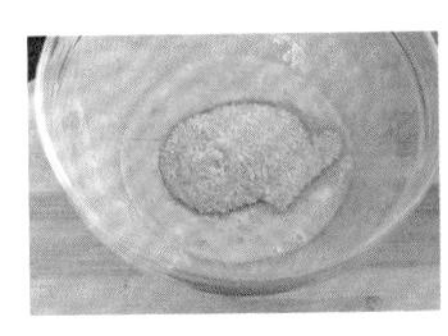

② 材料ⓐ混合过筛，分成3次加入做法①中，以橡皮刮刀拌匀，再加入坚果碎，拌匀成面糊。

③ 放入已预热至180℃的烤箱，烤约25分钟，出炉放凉后，涂抹拌匀的材料ⓒ奶油霜即可。

※冷藏1小时再食用，风味会更好。

Part 3

气味转移

Odor Transfer

浸泡法

Soaking method

何谓浸泡法

利用液体的形态：如水、醋或液状油，浸泡香草或香料，将其芳香因子溶出，释放到液体中，再制作成料理，转移气味到食材上，达到最佳气味与口感。

这样的手法，作品味道较细致，因为是先转移到液体中，再附着或是渗入到食材中。制作时间不需太长也会有好效果。

醋

醋本身有多元的风味与滋味，浓烈呛味。因不同的发酵物会有不同的个性。将香草、香料浸泡在加热过的醋中，呛酸感会被削弱，芳香因子因热释放游离在醋中，存放数日后滋味柔和。烹调、蘸食、打酱汁都美味。

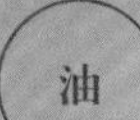

各种油都可以较好地溶出芳香因子，也能较好地存入气味。保存得宜会越来越香。香料油运用相当广泛，只要是油可以出现的时机点，都可以使用。让料理风味多元不再无聊。

运用烹饪加热法让香气出来，漂浮在水中、然后附着食材上，会得到较轻盈的作品。不要忘记，味道是一口一口累进，风味堆积的层次感，也是美味的关键。

通常浸泡法的保存时间会较长，因时间性质，也会让料理本身风味融合更温柔完整。保持在低温环境中较不易变质。

Le Parfait

鼠尾草茴香醋

鲜采鼠尾草　大茴香籽

自己加工浸泡香草醋，功能相当多元。
蘸面包、打成美乃滋、做成香草油醋酱都很棒。

直接法

粉末法

浸泡法

烟熏法

饮品篇

材料

ⓐ

白葡萄酒醋或苹果醋…250毫升

ⓑ

鲜采鼠尾草叶…5片

蒜仁…2瓣（拍开）

大茴香籽…1/2小匙

盐…1/2小匙

做法

① 玻璃罐中放入所有材料ⓑ；白葡萄酒醋加热至沸腾后关火，冲入玻璃罐中，盖上盖子。

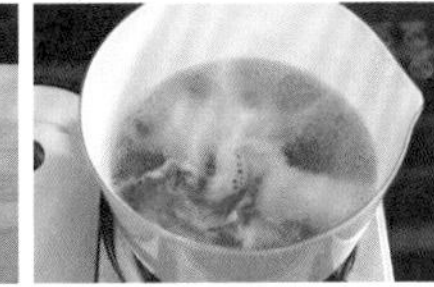

② 每天摇晃一次，常温浸渍2周即可。

WECK

Recipe 32

香草橄榄油

鲜采迷迭香 鲜采百里香 月桂叶 整粒黑胡椒

橄榄油结合香草和香料，浸泡出充满香气的风味油，
拿来制作料理，菜肴风味更升级。

材料

橄榄油…250毫升

鲜采迷迭香…10厘米×3枝

鲜采百里香…10厘米×2枝

月桂叶…1片

蒜仁…2瓣（拍开）

整粒黑胡椒…10粒

做法

① 所有材料入锅中，加热至起油泡，关火，在锅中静置到冷却。

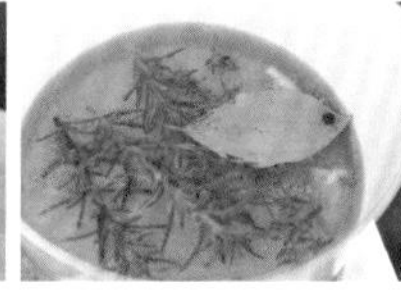

② 连同香草装入罐中，密封保存即可。

Green Gate

Recipe 33

香草萝卜扇贝

红胡椒粒　干燥欧芹

很豪华但也很清新的一款菜品，扇贝细致的风味和带有自然果酸香甜的莓果结合，萝卜的清甜更增清爽气息～

材料

生食扇贝…5个

草莓…5个（切薄片）

蓝莓…5个（切对半）

白萝卜薄片…10片

白葡萄酒醋…1大匙

橄榄油…1大匙

红胡椒粒…1小匙（拍碎）

盐…1/4小匙

干燥欧芹…适量

做法

① 生食扇贝对半剖开，撒上盐（分量外），静置10分钟。

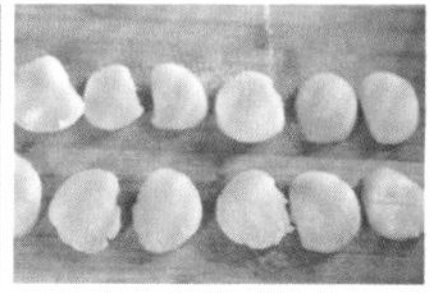

② 扇贝以厨房纸巾压干表面水分，放入调理盆，加入其余材料拌匀即可。

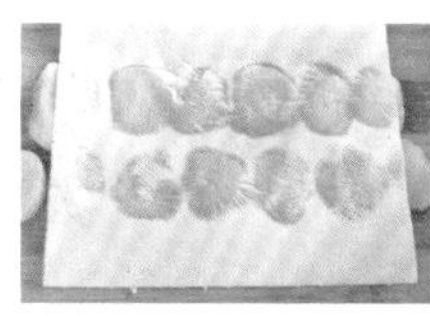

山胡椒味噌渍猪肉

山胡椒

调好的山胡椒枫糖味噌能重复腌渍肉品~所以，多渍几片吧！
家人一定很喜欢。中秋烤肉时，一定能成为主角的。

直接法

粉末法

浸泡法

烟熏法

饮品篇

材料

猪梅花…2片

味噌…400克

枫糖浆…100克

山胡椒…1大匙（敲碎）

做法

① 山胡椒敲碎，加入味噌和枫糖浆，搅拌均匀。

② 猪梅花先用叉子戳洞，帮助入味；取1/2山胡椒枫糖味噌平铺在方盘里，放入猪五花再抹上剩余1/2量的山胡椒枫糖味噌，盖上保鲜膜，放入冰箱冷藏3小时。

③ 平底锅热锅，放入腌好的猪五花，垫上烤焙纸，以平盘压平猪五花，煎出来的肉片会很平整，色泽也更均匀，定型后翻面，煎熟即可。

法式腌牛肉

肉桂粉 丁香粉 黑胡椒粒 月桂叶 鲜采欧芹

把牛肉先用香料腌过，再和香料蔬菜一起煮熟，完成具有天然香气的牛肉！单吃或是做成三明治都很棒。

材料

ⓐ主料

牛肉…1块（约400克）

ⓑ腌汁

水…600毫升

赤砂糖…30克

肉桂粉…1/2大匙

丁香粉…1/2大匙

黑胡椒粒…1小匙

月桂叶…2片

姜片…2片

盐…60克

ⓒ

胡萝卜…1根（切块）

洋葱…1个（对切）

西芹…2根（对切）

鲜采欧芹…10厘米×1枝

做法

① 材料ⓑ放入锅中，煮至沸腾后关火，放凉。

② 牛肉用叉子戳洞，放入调理盆，倒入冷却的腌汁，盖上保鲜膜，放入冰箱冷藏3小时。

③ 取出腌好的牛肉，洗净放入锅中，加入所有材料ⓒ，倒入盖过食材的水量，以大火煮至沸腾，转小火煮约1小时，至牛肉软化，取出切片食用即可。

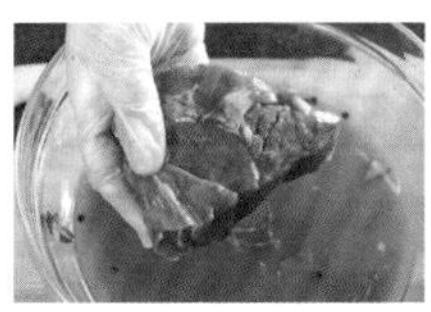

※可搭配法式芥末籽和欧式面包享用，或者制作成三明治带出门野餐都不错。

Recipe 36

渍迷迭香起司

鲜采迷迭香　鲜采百里香

起司吸附了迷迭香的香气，浓郁的口感多了好多层次。
放入烤箱中熔化，好滋味无人能敌。

直接法

粉末法

浸泡法

烟熏法

饮品篇

材料

去皮鸡胸肉…600克

卡门贝尔乳酪…1盒（切小块）

鲜采迷迭香…10厘米×1枝

鲜采百里香…10厘米×2枝

蒜碎…1小匙

橄榄油…适量

做法

① 卡门贝尔乳酪切小块；新鲜香草洗净，以厨房纸巾拭干表面水分。

② 所有材料装入罐中，倒入刚好盖过乳酪的橄榄油，放入冰箱浸渍一周，即可开罐随时享用。

※取出的乳酪摆在面包上，放进烤箱烤到融化相当美味。

Recipe 37

渍香料茄子

月桂叶 芫荽籽

美味的常备渍物，可以搭配生菜，或是和肉类一起食用，都相当丰富合适。

饮品篇

材料

茄子…2个

月桂叶…2片

芫荽籽…1小匙（略压碎）

橄榄油…适量

海盐…适量

做法

① 茄子去蒂头，剖半切开，再切成长约7厘米的条状，泡冷水，取出，排在盘内，均匀撒上海盐，静置10分钟，以厨房纸巾吸干表面水分。

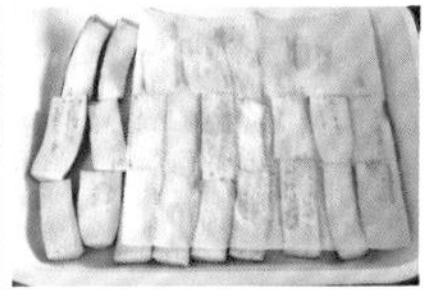

② 排在烤盘上，放入已预热至180℃的烤箱，烤约20分钟，取出放进保鲜盒，加入月桂叶和芫荽籽，倒入刚好盖过茄子的橄榄油，放入冰箱冷藏至隔天即可食用。

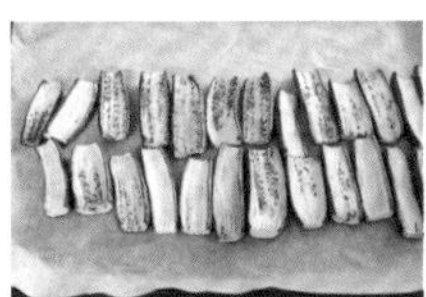

niko and ...

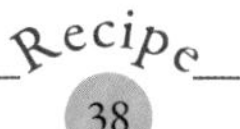

渍香蕈

白胡椒粉

完全把蕈菇的鲜味封印了起来，可以单吃也可以拌入面中，
跟许多料理都很搭~

材料

各式蕈菇…300克

蒜仁…2瓣

白葡萄酒…2大匙

白葡萄酒醋…1大匙

橄榄油…3大匙

海盐…1小匙

白胡椒粉…1/3小匙

做法

① 菇类切除杂质处、鲜香菇用手撕开，备用。

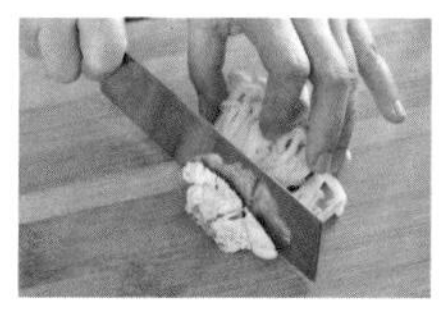

② 所有材料放入锅中，加热焖煮至菇类软化，以海盐、白胡椒粉调味，关火，静置放凉。

③ 装入保鲜盒或密封罐，放进冰箱冷藏保存即可。

鱼露渍鹌鹑蛋

鱼露 红辣椒

用南洋最具代表性的发酵调味品——鱼露，带出香气和鲜甜风味，以辣椒带出微辣气息，当作佐酒食或便当菜都很合适。

材料

ⓐ主料

水煮鹌鹑蛋…1包

ⓑ腌汁

米醋…4大匙

酱油…2大匙

鱼露…2大匙

冷开水…30毫升

红辣椒…1个（剖开去籽）

做法

① 材料ⓑ加热煮沸，关火。

② 放入鹌鹑蛋，静置20分钟放凉，即可享用。

香煎馨香南瓜

彩色胡椒粒　孜然粉　月桂叶

制作一大罐存放起来，
夜晚想吃点无负担的小食，这道最合适。

材料

南瓜（小型）…1个

月桂叶…1片

孜然粉…1/3小匙（略压碎）

彩色胡椒粒…1小匙（略压碎）

盐…1/2小匙

橄榄油…适量

做法

① 南瓜对切、去籽，切薄片；锅中倒入少许橄榄油，将南瓜片煎到两面上色。

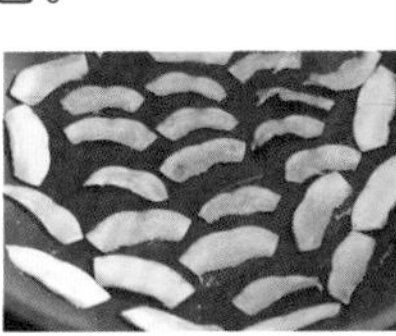

② 将南瓜片排放在罐中，加入月桂叶、孜然粉、彩色胡椒粒及盐，倒入刚好淹过南瓜片的橄榄油，放入冰箱冷藏静置一晚即可食用。

西洋泡菜

月桂叶 干燥莳萝籽

所有油腻的料理，都需要一款清爽解腻的蔬菜来降低自己的罪恶感！
做一罐解腻提鲜一级棒的西洋泡菜吧。

材料

ⓐ主料

白萝卜…1根
（削皮、切1.5厘米的长条）

小黄瓜…2根
（对切、切1.5厘米的长条）

胡萝卜…1根
（削皮、切1.5厘米的长条）

洋葱…1个（对切、切粗块条）

ⓑ腌汁

姜片…3片

月桂叶…3片

干燥莳萝籽…1小匙

白葡萄酒醋或苹果醋…200毫升

水…200毫升

盐…2小匙

赤砂糖…4大匙

做法

① 备滚水锅，放入材料ⓐ蔬菜汆烫10秒，捞出沥干。

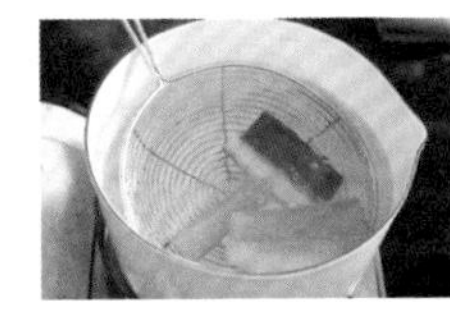
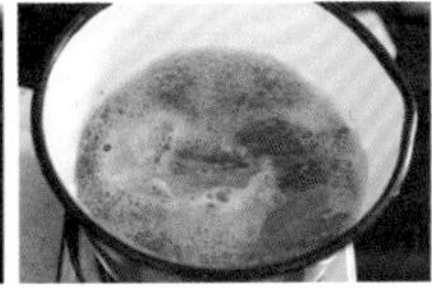

② 材料ⓑ腌汁煮至沸腾，关火，降温至不烫手，放入所有做法①蔬菜，放凉，移进冰箱冷藏浸泡一晚即可食用。

ANTIQUE PRINT

红茶香料黑枣

肉桂粉　丁香

除了当小零嘴单吃外，也很适合和红茶一起煮成水果茶，
富含膳食纤维，不仅帮助消化而且美味。

材料

伯爵茶包…1包

水…100毫升

无籽蜜黑枣…10颗

细砂糖…30克

肉桂粉…1/4小匙

红酒…50毫升

朗姆酒…1大匙

柠檬片…6片

丁香…3粒

做法

① 伯爵茶包＋水，煮5分钟过滤出茶汤；无籽蜜黑枣＋细砂糖＋肉桂粉，搅拌均匀，静置15分钟。

② 将所有材料一起放入锅中，以小火煮5分钟，关火，静置到凉，装罐保存即可。

※可以单吃，也可以搭配水果食用，亦可加气泡水调成饮料。

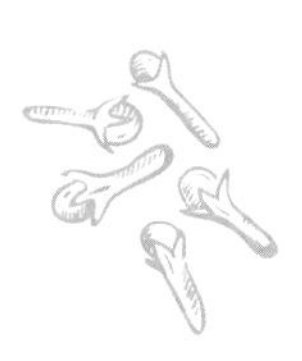

香草水果甜点盅

鲜采迷迭香　八角

白葡萄酒让苹果变身成好吃的甜点，除了直接品尝外，也能加入其他新鲜水果，端出缤纷可口的水果甜点盅，朋友到访可以随时招待！

材料

ⓐ白葡萄酒煮苹果

苹果…2个（去皮、去籽，剖半）

蜂蜜…100毫升

不甜白葡萄酒…300毫升

水…200毫升

奶油…2大匙

鲜采迷迭香…15厘米×1枝

八角…1颗

ⓑ

当季香甜水果…适量（照水果属性处理，切适口大小）

做法

① 所有材料ⓐ放入锅中，煮至沸腾，转小火煮约5分钟，熄火，静置到汤汁微凉。

② 加入其他新鲜水果，放入冰箱冷藏浸泡一晚，即可享用。

黄柠檬鲜鱼盅

月桂叶 香菜梗 粗黑胡椒粉 鲜采薄荷叶

鲑鱼吸足了柠檬、香菜及月桂叶的饱满香气，清爽健康又有风味，
费点心思挖出柠檬壳当容器，创造一道吸睛又芳香的料理。

材料

ⓐ

鲑鱼…1块

盐…适量

ⓑ

高汤…400毫升

白葡萄酒…1大匙

月桂叶…1片

香菜梗…3根

柠檬片…1片

盐…1小匙

ⓒ

粗黑胡椒粉…适量

鲜采薄荷叶…适量

黄柠檬…1个

做法

① 鲑鱼撒上适量的盐，静置10分钟，用厨房纸巾擦干表面水分。

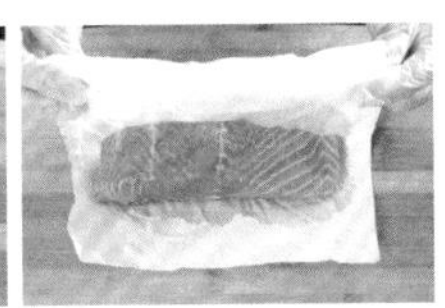
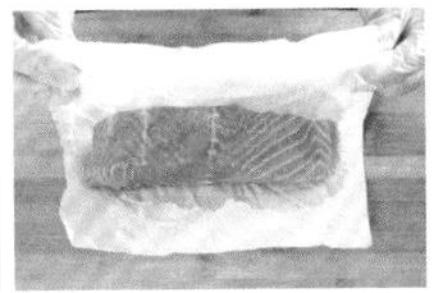

② 锅中放入高汤，以大火煮沸，放入其余材料ⓑ和鲑鱼，以中火加热至锅边冒泡，在快沸腾前关火，盖上锅盖，静置冷却，利用余温将鱼闷熟。

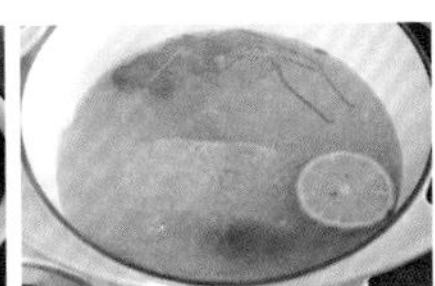

③ 黄柠檬剖半，挖出果肉取柠檬壳；捞出鲑鱼，切成适口大小，装入柠檬盅，撒上适量粗黑胡椒粉和薄荷叶即可。

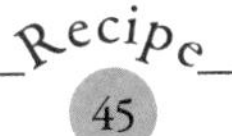

馨香芫荽酱

香菜叶 孜然粉

香菜叶的色泽翠绿，香气十足、满口芬芳，
当作佐酱搭配肉料理非常美味。

材料

香菜叶…50克

蒜碎…1大匙

柠檬汁…1大匙

白葡萄酒醋…1大匙

橄榄油…50毫升

孜然粉…1/2小匙

盐…1/2小匙

做法

取50克香菜叶；将所有材料放入食物调理机中，打成泥状，装罐，放入冰箱冷藏保存即可。

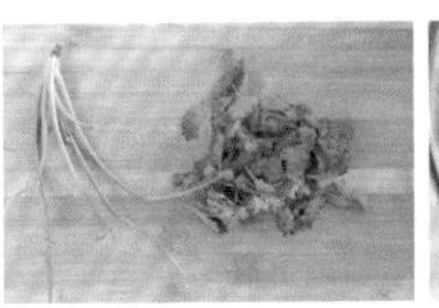

※可以搭配肉类食用，解腻效果佳。

Part 4

气味转移

Odor Transfer

烟熏法

Smoke method

何谓烟熏法

利用火源，让燃烟素材释放出熏烟，熏烟气体附着在料理上的一种技巧。与其他转移法不同的是，料理作品将更加有风味与滋味。

本书中用的是热熏法，但是温度与时间并不会使用过高或过久，主要是让料理有漂亮的色泽、好吃的气味附着即可，避免了烟熏品伤身的困扰，做出美味又健康的料理。

熟食熏 先将食材煮熟再进入烟熏程序，优点是：熟度刚好、香气足、口感佳、色泽棒。

生食熏 直接将生食放入熏锅中熏制，通常需要双面两次熏、总时间较长。优点是：熏味感极佳、色彩较深但透亮，卖相佳。

入味 使用盐或糖先调味或出水，让食材水分降低，避免影响熏制。使用不同盐在风味与咸度略有不同。

香气 利用不同香料与香草植物，一起入锅，加热将气味充分释放，附着在食材上。

烟熏材料 热燃木熏片或是茶叶，释放烟的木头气息，让木质调附着食材上。樱桃木屑气味比较柔和、栗子木屑气味较阳刚。在露营物品店可购得。

发烟物 面粉是很好的辅助材料，进入加热程序后会产生烟雾，融入其他气味，渗透入食材。

上色物 白砂糖、赤砂糖、黑糖都可，加热后融化产生焦糖气味与烟雾，裹覆在食材上，气味香甜、增加食欲。

什锦烟熏坚果

大蒜粉　红茶叶　干燥迷迭香粉

烟熏味让坚果多了成熟的美味层次，很适合搭配小酒一起食用。
如果喜欢脆脆的口感，记得要放凉再享用。

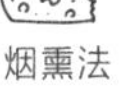

材料

ⓐ主料

综合坚果…200克

大蒜粉…1/2小匙

干燥迷迭香粉…1/2小匙

ⓑ烟熏料

红茶叶…1大匙

赤砂糖…1大匙

做法

① 用锥子或螺丝起子在铝箔盒上钻出许多小孔，铺入坚果。

② 锅内平铺铝箔纸，撒上红茶叶和赤砂糖，架上不锈钢架，放上综合坚果铝箔盒。

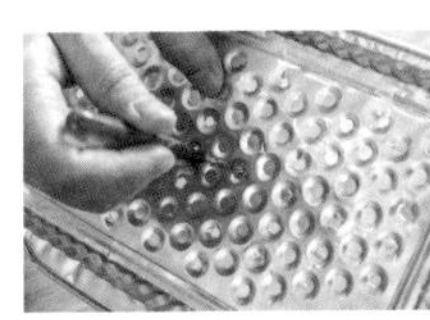

③ 盖上锅盖，开中火，待锅盖边缘冒出白烟后转中小火，热熏3分钟。

④ 取出综合坚果铝箔盒，倒出烟熏坚果，以大蒜粉、干燥迷迭香粉拌匀即可。

※烟熏食材较小时，可利用铝箔盒盛装，但要把铝箔盒钻出许多小孔洞，让上升的熏烟可以渗入底部食材。

Recipe 47

烟熏起司

红茶叶 鲜采迷迭香

喜欢乳酪的朋友一定要尝试这个让起司华丽变身的方法！
直接吃或者搭配面包都相当合适。

直接法

粉末法

浸泡法

烟熏法

饮品篇

材料

ⓐ主料

卡门贝尔乳酪…1块

ⓑ烟熏料

红茶叶…1大匙

赤砂糖…1大匙

鲜采迷迭香…10厘米×4枝

做法

① 锅内平铺铝箔纸，撒上红茶叶和赤砂糖，摆上鲜采迷迭香，架上不锈钢架。

② 不锈钢架表面抹一层薄薄的食用油（预防起司粘连），放上卡门贝尔乳酪。

③ 盖上锅盖，开中火，待锅盖边缘冒烟后转中小火，热熏8分钟即可。

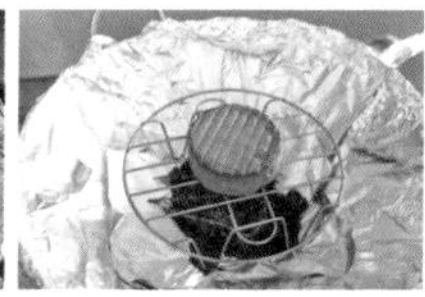

※可将法棍面包切斜片，蘸食热起司享用；冷却后切块单吃也很美味。

烟熏溏心蛋

烟熏木屑　干燥奥勒冈

半熟的水煮蛋以腌汁浸渍吸收风味，再以烟熏增添香气层次，多吃两颗都不腻！把蛋压碎做成马铃薯沙拉，也有意想不到的惊喜。

材料

ⓐ主料

鸡蛋…4个

ⓑ腌汁

淡味酱油…120毫升

米酒或清酒…2大匙

味淋…2大匙

ⓒ烟熏料

赤砂糖…1大匙

烟熏木屑…1大匙

干燥奥勒冈…1/2小匙

做法

① 备滚水锅，沸腾后轻轻放入鸡蛋，煮6分钟，捞出泡冷水至凉，剥除蛋壳。

② 将半熟溏心蛋泡入调匀的材料ⓑ中，浸渍约10分钟，翻面再浸渍10分钟．取出上色，拭干表面水分。

③ 锅内平铺铝箔纸，撒上赤砂糖、烟熏木屑、干燥奥勒冈，架上不锈钢架（表面抹一层薄薄的食用油），放上做法②半熟蛋。

④ 盖上锅盖，开中火，待锅盖边缘冒烟后转中小火，热熏15分钟即可。

茶熏蕈菇蒸饭

烟熏木屑 焙茶

熏好的蕈菇拿来做锅煮饭，一连可以吃好几碗。
可以试试看熏焙不同种类的蕈菇，个性大不同。

材料

ⓐ

蟹味菇…1包
（去硬蒂，用手撕小朵）

大米…1杯（洗净沥干）

水…$1\frac{1}{3}$杯

盐…1/3小匙

ⓑ烟熏料

烟熏木屑…1大匙

焙茶…1大匙

面粉…1大匙

做法

① 锅内平铺铝箔纸，撒上烟熏木屑、焙茶、面粉，架上不锈钢架（表面抹一层薄薄的食用油），放上蟹味菇。

② 盖上锅盖，开中火，待锅盖边缘冒烟后转中小火，热熏5分钟，取出。

③ 将烟熏蕈菇和其他材料ⓐ一起放入锅中，以中大火煮沸，搅拌避免粘锅，盖上锅盖，以小火煮12分钟，关火闷15分钟即可。

LT

烟熏南瓜洋葱酸奶沙拉

粗黑胡椒粉 | 烟熏木屑 | 丁香

熏焙过的南瓜，吃起来的口感和气味真的像吃肉，
奇妙的变化让沙拉更加鲜活。

材料

ⓐ

小南瓜…1个

洋葱…1/2个（切薄片）

原味酸奶…3大匙

美乃滋…2大匙

芥末籽酱…1大匙

盐…适量

粗黑胡椒粉…适量

ⓑ烟熏料

烟熏木屑…1大匙

丁香…5粒

赤砂糖…1大匙

做法

① 小南瓜剖开、去籽、切小滚刀块，蒸熟。

② 锅内平铺铝箔纸，撒上烟熏木屑和丁香，架上不锈钢架（表面抹一层薄薄的食用油），放上小南瓜块。

③ 盖上锅盖，开中火，待锅盖边缘冒烟后转中小火，热熏5分钟，取出。

④ 将烟熏南瓜块和其他材料ⓐ一起拌匀，盛盘即可。

烟熏明太子茶泡饭

紫苏叶 焙茶

作者心中第一名的美食。味道本就是咸鲜味十足的明太子，
多了一道熏焙的手续，让鲜味更添香气，口口都满意。

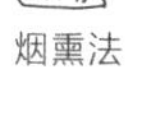

材料

ⓐ

明太子…2条

热绿茶…适量

白米饭…1碗

紫苏叶…1片（剪丝）

ⓑ烟熏料

焙茶…1大匙

赤砂糖…1大匙

做法

① 以厨房纸巾拭干明太子表面水分。

② 锅内平铺铝箔纸，撒上焙茶和赤砂糖，架上不锈钢架（表面涂上薄薄一层食用油），放上明太子。

③ 盖上锅盖，开中火，待锅盖边缘冒烟后转中小火，热熏5分钟，取出。

④ 白饭上放一小块烟熏明太子，摆上紫苏叶丝，冲入热绿茶，食用时拌匀享用即可。

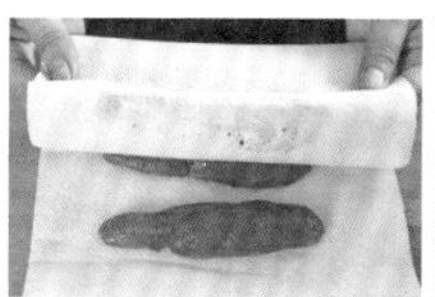

百里香熏贻贝

烟熏木屑　干燥百里香

海潮的气味转成陆地的厚味，口感也更具有嚼劲。
如果切小块煮成海鲜粥、滋味更深邃。

材料

ⓐ主料

冷冻贻贝…4个

ⓑ烟熏料

面粉…1大匙

烟熏木屑…1大匙

干燥百里香…1小匙

做法

① 冷冻贻贝解冻，用纸巾拭干表面水分。

② 锅内平铺铝箔纸，撒上面粉、烟熏木屑和干燥百里香，架上不锈钢架（表面涂上薄薄一层食用油），壳朝上摆入贻贝。

③ 盖上锅盖，开中火，待锅盖边缘冒烟后转中小火，热熏10分钟即可。

Recipe 53

茶香熏虾串

大蒜粉 干燥百里香粉 红茶叶

一口接一口，好吃得停不下来。吮指的鲜甜和熏香，
为餐桌增色不少，抢食笑声不断。

材料

ⓐ

大白虾…8只

盐…少许

大蒜粉…适量

干燥百里香粉…适量

ⓑ烟熏料

红茶叶…1大匙

赤砂糖…1大匙

做法

① 大白虾留头、尾，虾身去壳、去肠泥，撒上盐，放入冰箱冷藏10分钟，静置出水，用厨房纸巾擦干表面水分。

② 将白虾用两根长竹签串成一排，于虾身均匀撒上大蒜粉和干燥百里香粉。

③ 锅内平铺铝箔纸，撒上红茶叶和赤砂糖，架上不锈钢架（表面涂上薄薄一层食用油），放上白虾串。

④ 盖上锅盖，开中火，待锅盖边缘冒烟后转中小火，热熏8分钟即可。

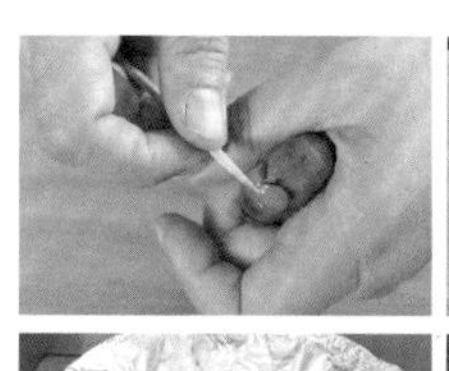

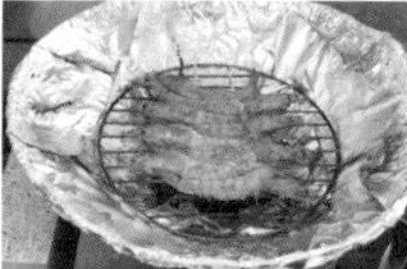

Recipe 54

烟熏小花枝

八角　烟熏木屑

就是那么的可爱又美味。可以多处理一些当零食，随身外带去野餐。

材料

ⓐ

小花枝…8只

盐…少许

ⓑ烟熏料

赤砂糖…1大匙

烟熏木屑…1大匙

八角…4粒

做法

① 小花枝撒上盐，放入冰箱冷藏10分钟，静置出水，用厨房纸巾擦干表面水分。

② 锅内平铺铝箔纸，撒上赤砂糖、烟熏木屑、八角，架上不锈钢架（表面涂上薄薄一层食用油），放上小花枝。

③ 盖上锅盖，开中火，待锅盖边缘冒烟后转中小火，热熏10分钟即可。

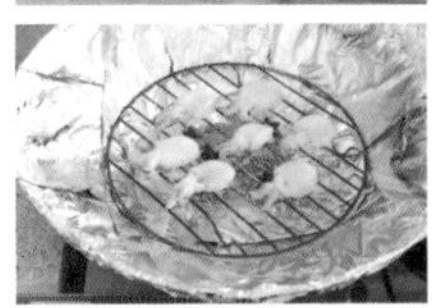

烟熏鲑鱼

白胡椒粉　大茴香籽　烟熏木屑

非常上档次又简单的一道料理，当主食或是拌入生菜中都相当美味。
也可以夹入喜爱的面包中制作三明治。

材料

ⓐ

鲑鱼…1块

盐…1小匙

赤砂糖…1小匙

白胡椒粉…1/3小匙

白葡萄酒…少许

ⓑ烟熏料

面粉…1大匙

大茴香籽…1小匙

烟熏木屑…1大匙

做法

① 鲑鱼均匀抹上白葡萄酒、盐、赤砂糖、白胡椒粉，用保鲜膜包紧，放入冰箱冷藏1小时腌渍入味，取出鲑鱼，略为冲洗，用厨房纸巾擦干表面水分，备用。

② 锅内平铺铝箔纸，撒上面粉、烟熏木屑、大茴香籽，架上不锈钢架（表面涂上薄薄一层食用油），放上鲑鱼。

③ 盖上锅盖，开中火，待锅盖边缘冒烟后转中小火，热熏7～10分钟即可。

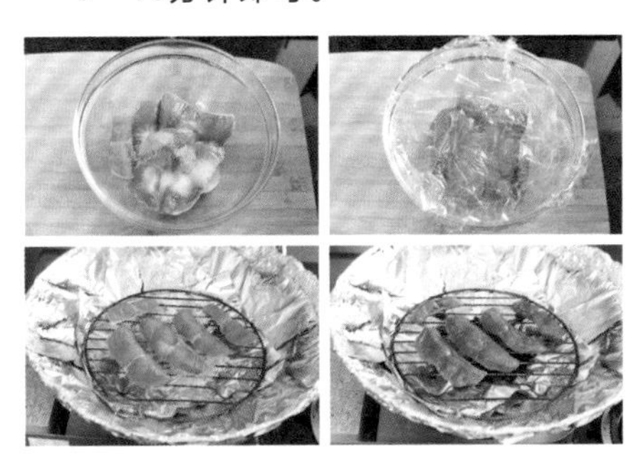

LE CREUSET

Recipe 56

迷迭香熏鸡翅

干燥迷迭香　白胡椒粉

在家看影片的良伴。一口苏打水、一口气味十足的鸡翅，满足感大提升。

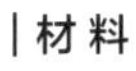

材料

ⓐ

二节鸡翅…5个

盐…适量

白胡椒粉…适量

ⓑ烟熏料

烟熏木屑…1大匙

赤砂糖…1大匙

干燥迷迭香…1/2大匙

做法

① 二节鸡翅撒上盐和白胡椒粉，静置10分钟，用厨房纸巾巾将表面水分擦干。

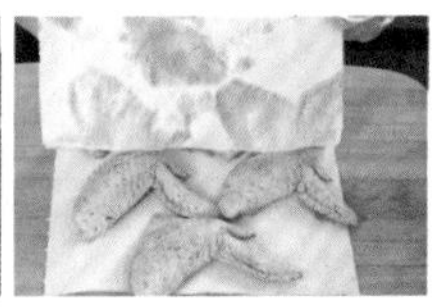

② 锅内平铺铝箔纸，撒上烟熏木屑和干燥迷迭香，架上不锈钢架（表面涂上薄薄一层食用油），放上二节鸡翅。

③ 盖上锅盖，开中火，待锅盖边缘冒烟后转中小火，热熏8分钟，翻面再熏8分钟即可。

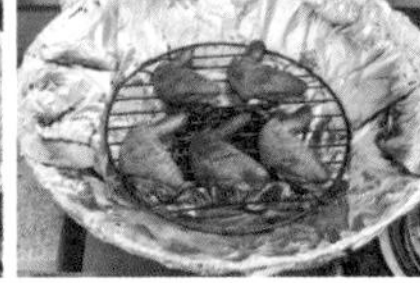

Recipe 57

月桂烟熏盐曲鸡

烟熏木屑 月桂叶

切片后搭配地瓜、藜麦、生菜，不需加入酱汁，就相当健康美味，是健身者饮食的加分料理。

材料

ⓐ

去骨鸡腿…1个

盐曲…1大匙

ⓑ烟熏料

赤砂糖…1大匙

烟熏木屑…1大匙

月桂叶…3片

做法

① 去骨鸡腿切三大块，均匀地抹上盐曲，放入冰箱冷藏静置1小时，取出，以厨房纸巾将表面水分擦干，放入电锅，外锅倒1杯水，蒸熟备用。

② 锅内平铺铝箔纸，撒上赤砂糖、烟熏木屑、月桂叶，架上不锈钢架（表面涂上薄薄一层食用油），放上做法①熟鸡腿肉。

③ 盖上锅盖，开中火，待锅盖边缘冒烟后转中小火，热熏5分钟即可。

烟熏鸡肉火腿

烟熏木屑　众香子粉　粗黑胡椒粉

通过烟熏的工序，
让无脂肪的鸡肉火腿，口味更丰富多层次，减脂却不减好味道。

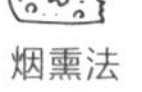

材料

ⓐ

自制鸡肉火腿（P.58）…1个

ⓑ烟熏料

烟熏木屑…2大匙

面粉…1大匙

粗黑胡椒粉…1小匙

众香子粉…1/4小匙

做法

① 锅内平铺铝箔纸，撒上烟熏木屑、面粉、黑胡椒粒和众香子粉，架上不锈钢架（表面涂上薄薄一层食用油），放上自制鸡肉火腿。

② 盖上锅盖，开中火，待锅盖边缘冒烟后转中小火，热熏5分钟即可。

LE CREUSET

焙茶烟熏猪里脊

粗黑胡椒粉　粉红胡椒粒　焙茶

粉红胡椒辛辣中带有微甜，还有淡淡的花果香，天然的馨香加上熏香，让猪排鲜味加倍升级。

材料

ⓐ

猪里脊…2片

盐…少许

粗黑胡椒粉…少许

粉红胡椒粒…适量（拍碎）

ⓑ烟熏料

焙茶…2大匙

赤砂糖…2大匙

做法

① 猪里脊撒上盐和黑胡椒粉，静置10分钟，用厨房纸巾将表面水分擦干，两面撒上粉红胡椒碎。

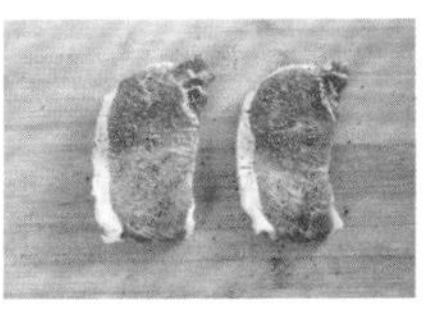
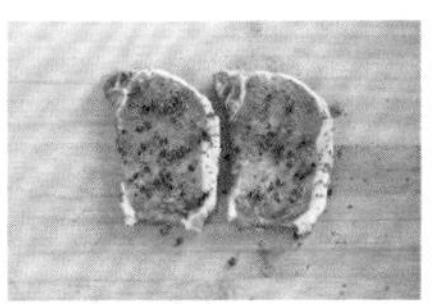

② 锅内平铺铝箔纸，撒上焙茶和赤砂糖，架上不锈钢架（表面涂上薄薄一层食用油），放上猪里脊。

③ 盖上锅盖，开中火，待锅盖边缘冒烟后转中小火，热熏10分钟即可。

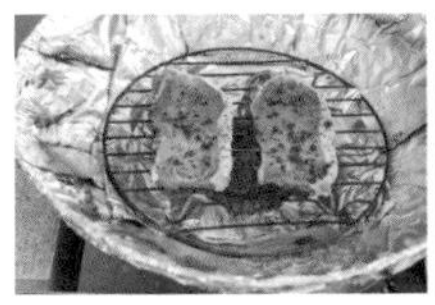
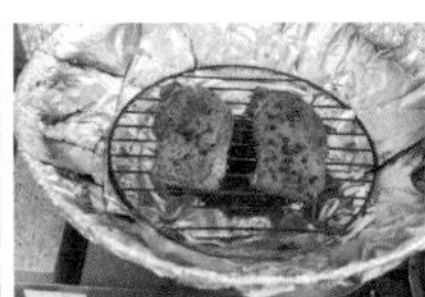

烟熏香料培根

烟熏木屑 粗黑胡椒粉 月桂叶 干燥迷迭香

培根是相当好用的食材，搭配早餐、炖煮食材，都能提升料理的风味。

材料

ⓐ主料

自制培根（P.60）…1条

ⓑ烟熏料

烟熏木屑…1大匙

面粉…1大匙

赤砂糖…1大匙

粗黑胡椒粉…1小匙

月桂叶…2片

干燥迷迭香…1小匙

做法

① 自制培根略为冲洗，用厨房纸巾擦干表面水分，备用。

② 锅内平铺铝箔纸，撒上烟熏木屑、面粉、赤砂糖、粗黑胡椒粉、月桂叶、干燥迷迭香，架上不锈钢架（表面涂上薄薄一层食用油），放上自制培根。

③ 盖上锅盖，开中火，待锅盖边缘冒烟后转中小火，热熏8分钟即可。

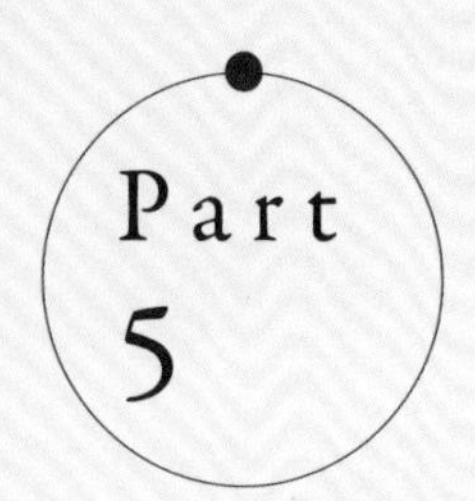

Part 5

气味转移

Odor Transfer

饮品篇

Drink articles

香草饮品

香氛因子相当容易附着在液体作品当中，运用香草植物（香草、香花、纯露），制作出许多好喝、好看又具疗愈效果的饮品，让日常生活更具趣味。

水果果汁 水果因为熟成度，散发出迷人气味，酸香、花香、甜香。相当适合与芳香因子结合。

豆浆牛奶 **优酪乳** 豆浆、牛奶及优酪乳都具有丝滑的口感、厚实的蛋白质感，会让香草与香料柔和温顺，尤其是睡前来杯微温的饮品也能帮助睡眠。

气泡水 将香氛因子与气泡水结合，是一个相当棒的方式。气泡水将气味裹在泡泡中，当饮用入口，气泡将气味推往鼻腔，香气更加鲜明，非常畅快。

纯露 因为存在极小量的精油，所以是充满香气的水分。气味疗愈身心，将纯露变为制作饮料的一环，让作品充满植物能量，相当舒心。

茶叶 将干燥香草、香花与香料，与茶叶一起冲泡，这是最具历史感的做法。茶汤、药草汤结合，滋养细胞。红茶、绿茶、焙茶都适合。

Recipe 61

蜂蜜豌豆薄荷

鲜采薄荷

豌豆和薄荷在西式料理的历史上，一直是很合适的搭配，
和豆浆一起打成饮品，健康又美味。

材料

豆浆…300毫升

冷冻豌豆…3大匙

姜泥…1/2小匙

蜂蜜…1大匙

鲜采薄荷…6厘米×1枝

做法

所有材料放入果汁机中，搅打均匀即可。

※如果觉得冷冻豌豆直接食用有草腥味，也可以把豌豆烫熟或微波加热后再使用。

欧芹高丽菜香蕉

鲜采欧芹

很微妙的组合，含有不同的天然维生素，
交织成新鲜香甜的好滋味。

材料

豆浆…300毫升

高丽菜…1片

香蕉…1根

柠檬汁…1/2小匙

鲜采欧芹…10厘米×1根（叶含梗）

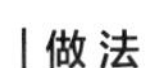

做法

所有材料放入果汁机中，搅打均匀即可。

奇异果来檬薄荷

鲜采薄荷

气泡水的泡泡包裹了薄荷的清新，每一口都让你拥有自然的风味。

材料

豆浆…200毫升

奇异果…1个

来檬汁…1大匙

鲜采薄荷叶…10片

细砂糖…1小匙

气泡水…100毫升

冰块…少许

做法

所有材料放入果汁机中，搅打均匀即可。

香料芒果茶

肉桂棒 丁香

肉桂丁香伴随着芒果和绿茶，充满了独特的东方气息。

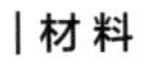

材料

无糖绿茶（冰）…150毫升

芒果汁…150毫升

冰块…适量

肉桂棒…1根

丁香…2粒

做法

① 杯中装入冰块、肉桂棒及丁香，倒入无糖冰茶。

② 沿着杯缘缓缓倒入芒果汁即可。

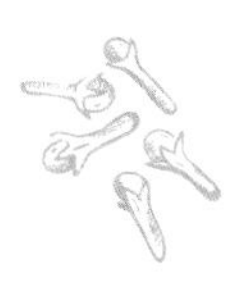

薰衣草双色饮

干燥薰衣草

茶汤中飘出花香，梦幻色彩诉说着普罗旺斯的情境。

材料

干燥薰衣草…2克

锡兰茶叶…3克

热水…150毫升

原味酸奶…2大匙

蜂蜜…1大匙

冰块…适量

做法

① 干燥薰衣草、锡兰茶叶放入小杯中，倒入热水闷泡3分钟，过滤出茶汤。

② 杯中放入蜂蜜和原味酸奶，搅拌均匀，放入冰块，沿着杯缘缓缓倒入茶汤即可。

菠萝百香椰子

鲜采百里香

菠萝与椰子的组合让人仿佛被海风吹抚，
耳边传来阵阵浪涛声，回忆起难忘的岛屿休闲时光。

材料

鲜采百里香…10厘米×2枝

椰奶…100毫升

菠萝…4片

椰子水…200毫升

冰块…适量

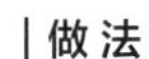

做法

① 将鲜采百里香和椰奶放入食物调理机，打匀成百里香椰奶。

② 杯中放入冰块、放入菠萝，倒入百里香椰奶，再沿着杯缘缓缓倒入椰子水即可。

芝麻香蕉迷迭香

鲜采迷迭香叶

香气满满、健康满满、口感满满、幸福满满。

材料

原味优酪乳…200毫升

香蕉…1根

黑芝麻粉…1/2大匙

鲜采迷迭香叶…10厘米×1枝（取叶）

做法

所有材料放入果汁机中，搅打均匀即可。

莓果迷迭香气泡

鲜采迷迭香

迷迭香搅拌着如梦般的红宝石色彩，开启一段森林里的莓果之旅。

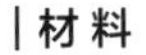

材料

季节莓果…5个（对切）

蜂蜜…1大匙

鲜采迷迭香…15厘米×1枝

气泡水…350毫升

适量…冰块

做法

① 杯中放入季节莓果、蜂蜜，搅拌均匀。

② 加入冰块、插入鲜采迷迭香，倒入气泡水即可。

hello!

Recipe 69

手工姜汁汽水

肉桂棒 丁香 月桂叶 小豆蔻

魔幻馨香融入温暖的姜汁里，和冰凉的气泡水呈现出有趣的对比，
凉凉在口、暖暖在心。

材料

ⓐ自制姜汁糖浆

生姜…200克

肉桂棒…2根

丁香…5粒

月桂叶…1片

小豆蔻…4粒

蜂蜜…30克

细砂糖…100克

水…200毫升

ⓑ

自制姜汁糖浆…50毫升

气泡水…200毫升

冰块…适量

做法

① 材料ⓐ生姜洗净、切块，放入食物调理机打碎，和其余材料一起放入锅中，以小火煮20分钟，起锅，用滤网过滤，装入罐中放凉（冷藏保存5天内使用完毕），完成自制姜汁糖浆，备用。

② 杯中装入冰块，倒入姜汁糖浆和气泡水即可。开中火，待锅盖边缘冒烟后转中小火，热熏5分钟，取出。

葡萄柚姜汁

自制姜汁糖浆

带着温暖和满满的葡萄柚乳酸口味，大人小孩都喜欢。

材料

葡萄柚果肉…4片

自制姜汁糖浆（P.153）…1小匙

葡萄柚果汁…150毫升

可尔必思[①]…150毫升

冰块…适量

做法

冰块和葡萄柚果肉放入杯中，淋上姜汁糖浆，再倒入葡萄柚果汁和可尔必思即可。

①一种日本饮品，为酸乳饮料。

薄荷莫吉托

鲜采薄荷叶 自制姜汁糖浆

夜生活怎能少了这一杯莫吉托（Mojito）①，看似无物却后劲十足，人气旺旺的大人专属风味。

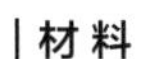

材料

鲜采薄荷叶…1小把

姜…1片

柠檬汁…1大匙

自制姜汁糖浆（P.153）…1小匙

冰块…适量

朗姆酒…1大匙

通宁水…200毫升

做法

① 取鲜采薄荷叶、姜片、柠檬汁、姜汁糖浆，一起放入杯中，以调酒用捣棒或杆面棍轻轻压磨。

② 放入冰块，倒入朗姆酒和通宁水，搅拌均匀即可。

① 莫吉托（Mojito）：鸡尾酒的一种，是最有名的朗姆调酒之一。

手工柠檬苏打水

烟熏木屑　干燥百里香

夏季的微风凝结在一起，这是一款充满森林气息的作品。
自制的柠檬糖浆让你的饮品与众不同~

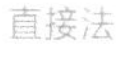

材料

ⓐ自制柠檬糖浆

柠檬…2个

丁香…5粒

月桂叶…1片

细砂糖…100克

水…200毫升

蜂蜜…30克

ⓑ

自制柠檬糖浆…80毫升

气泡水…200毫升

冰块…适量

做法

① 材料ⓐ柠檬去皮，完全切除果皮白膜，将果肉切圆片。

② 将柠檬圆片和其余材料ⓐ（蜂蜜除外）一起放入小锅中，以小火煮20分钟。

③ 熄火，拌入蜂蜜，连同果肉一起装入罐中放凉（冷藏保存5天内使用完毕），完成自制柠檬糖浆，备用。

④ 杯中装入冰块，倒入柠檬糖浆和气泡水即可。

豆蔻小黄瓜气泡水

小豆蔻

洁净的黄瓜气味和飘出柑橘气息的香料豆蔻，让身体平衡协调。

材料

小黄瓜长薄片…5片

柠檬果肉…1角（切对半）

小豆蔻…5粒

气泡水…350毫升

冰块…适量

※小黄瓜可用削皮器刨出长薄片。

做法

杯中放入冰块、小豆蔻、小黄瓜长薄片和柠檬果肉，再倒入气泡水即可。

新鲜香草气泡水

鲜采薄荷　鲜采迷迭香

有烦恼时，来上一杯吧！让脑子沉静、心态安稳、思绪清楚。

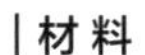

材料

鲜采薄荷…10厘米×3枝

鲜采迷迭香…15厘米×1枝

无糖绿茶…200毫升

气泡水…200毫升

冰块…适量

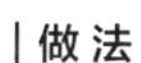

做法

杯中放入冰块、鲜采薄荷和鲜采迷迭香，再倒入无糖绿茶和气泡水即可。

玫瑰气泡水

玫瑰纯露

可安心食用的纯露为饮品注入香气与满满疗愈~
这一杯道尽真情浪漫，无须言语。

材料

玫瑰纯露…1大匙

气泡水…350毫升

冰块…适量

做法

杯中放入冰块、加入玫瑰纯露，再倒入气泡水即可。

柠檬百里香气泡水

百里香纯露

柠檬的清新和百里香的微木气息，交织成自然的小步舞曲。

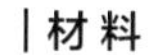

材料

百里香纯露…1大匙

柠檬片…2片

气泡水…350毫升

冰块…适量

做法

杯中放入冰块、柠檬片，加入百里香纯露，再倒入气泡水即可。

薄荷柠檬气泡水

鲜采薄荷

舒心爽朗、口口甜蜜，自制的薄荷糖浆带着天然清凉，
调制出夏季和朋友的午后好时光。

材料

ⓐ自制薄荷糖浆

鲜采薄荷…10厘米×6枝

赤砂糖…100克

蜂蜜…30克

水…200毫升

ⓑ

自制薄荷糖浆…50毫升

气泡水…200毫升

柠檬片…1片

冰块…适量

鲜采薄荷…15厘米×1枝

做法

① 将材料ⓐ除蜂蜜之外的材料放入锅中，以小火煮10分钟，熄火，拌入蜂蜜，装入罐中放凉（冷藏保存5天内使用完毕），完成自制薄荷糖浆，备用。

② 杯中装入冰块、柠檬片，插入新鲜薄荷，倒入薄荷糖浆和气泡水即可。

番茄罗勒气泡水

罗勒叶

犹如意大利人的热情，香料水果缤纷呈现在泡泡里。

材料

小番茄…5个（对切）

罗勒叶…6片

气泡水…350毫升

冰块…适量

做法

杯中放入冰块、小番茄、罗勒叶，再倒入气泡水即可。

肉桂苹果柳橙气泡水

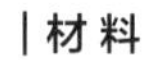
肉桂棒

饮下一口，令人惊奇的甜蜜感在口中炸开，令人雀跃不已。

材料

柳橙…1个（取果肉）

肉桂棒…1根

苹果汁…150毫升

气泡水…200毫升

冰块…适量

做法

杯中放入冰块、柳橙果肉和肉桂棒，再倒入苹果汁和气泡水即可。

百里香热带水果饮

干燥百里香 鲜采百里香

带有清新气息的百里香，为热带氛围加入了些许优雅，多了故事性。

材料

干燥百里香…2克

锡兰茶叶…3克

热开水…150毫升

菠萝…适量（切一口大小）

蜂蜜…1大匙

冰块…适量

鲜采百里香…15厘米×2枝

做法

① 干燥百里香、锡兰茶叶放入小杯中，倒入热开水闷泡3分钟，过滤出茶汤。

② 杯中放入蜂蜜和菠萝块，搅拌均匀，放入冰块、鲜采百里香，沿着杯缘缓缓倒入茶汤即可。

※菠萝也可替换成其他季节水果。

随手采摘鲜活芬芳的香草、从橱柜里抓出喜爱的香料，
围绕在餐桌上的气息或鲜明或沉稳，
都属于料理人独有的巧思与心意，
请你，与我们一起走进香气的世界吧！

图书在版编目（CIP）数据

香草研究家的隐味餐桌 / 蓝伟华著 . — 北京：中国轻工业出版社，2020.12

ISBN 978-7-5184-3210-3

Ⅰ. ①香… Ⅱ. ①蓝… Ⅲ. ①香料－菜谱 Ⅳ. ① TS972.12

中国版本图书馆 CIP 数据核字（2020）第 187718 号

责任编辑：方晓艳　　责任终审：劳国强　　整体设计：锋尚设计

策划编辑：史祖福　方晓艳　　责任校对：晋　洁　　责任监印：张　可

出版发行：中国轻工业出版社（北京东长安街6号，邮编：100740）

印　　刷：北京博海升彩色印刷有限公司

经　　销：各地新华书店

版　　次：2020年12月第1版第1次印刷

开　　本：720×1000　1/16　印张：10.5

字　　数：200千字

书　　号：ISBN 978-7-5184-3210-3　定价：69.00元

邮购电话：010-65241695

发行电话：010-85119835　传真：85113293

网　　址：http://www.chlip.com.cn

Email：club@chlip.com.cn

如发现图书残缺请与我社邮购联系调换

200220S1X101ZYW